JN227357

週4時間で月50万稼ぐAmazon中国輸入

日本語だけでできる驚異の山田メソッド

山田 野《の》武《ぶ》男《お》

企画・構成：鈴屋 二代目

双葉社

はじめに

私は、2012年までサラリーマンでした。

サラリーマン時代、私の生活の多くの時間は、会社に奪われていました。

まだ子供が産まれたばかりの時でした。朝7時には寝ている子供を置いて出社し、帰って来るのは夜の11時過ぎ。子供に話しかけることすらできず、子供の寝顔だけ見て一日の疲れを癒す毎日でした。

その年のクリスマス。せめてその日だけは早く帰って子供と一緒に過ごそうと心に決めました。

私は、家族全員で過ごす初めてのクリスマスをとても楽しみにしていました。12月25日は子供の1歳の誕生日でもあったからです。

しかし、結局クリスマスのその日も遅くまで仕事でした。深夜に帰宅し、子供の寝顔を見つめながら私は考えました。

「自分の大切な時間を、ただ会社のためにすり減らしていくだけの人生なのか」

と。

当時私はネット転売の知識などまったく持っていませんでした。私の人生は、会社に時間を縛られたままこのペースでずっと進んで行くのだと思っていました。

その後、たまたま「ネット転売」というものの存在を知るのですが、それをきっかけにして紆余曲折があり「中国個人輸入ビジネス」にたどり着きました。

まさにそれが、文字通り「社畜」だった私の人生を大きく変えたのです。

私が初めてネット転売の面白さを知った頃、数々のインターネットビジネスのセミナーに参加し、たくさんの本を読みあさって勉強しました。

しかし、期待して購入してもそれらのセミナーや本の多くは、教える側が最も肝心な部分を隠しているものが多かったように感じます。もしノウハウを教えてくれたとしても、そこで伝授される知識や技術は、すでに賞味期限の過ぎた使い古しでした。いわば、ノウハウの売り切りセールだったのです。

こうした苦い経験を経てきた私は、この本で私が持つノウハウのすべてを提供するつもりです。

なぜそこまでやるのかと問われれば、これから私は単なる「プレイヤー」から「プレイングコーチ」へとシフトしていくことを決めたからです。

自分自身も稼ぎながらそのノウハウを普及させて、多くの人に今より少しだけでも豊かな生活を送ってもらうことが、これからの私の使命だと思ったのです。

私もサラリーマンだった頃は、ほんの少しでもお小遣いが増えると嬉しかったものです。

これから副業をやろうとしている方は、「お小遣いを増やしたい」「生活をもう少し楽にしたい」「最終的にはそれだけで食べていきたい」など、思いはさまざまでしょう。

目標金額も人によって幅広いと思いますが、この本には、初心者でも可能で、かつネットビジネス経験者にも参考になる独自のノウハウを惜しげもなく書いていると自負しています。

本書は、ネット転売ビジネスの中でもAmazonに特化したものです。さらに中国から現地の商品を仕入れて日本で転売するという中国個人輸入の本です。

「ネット転売では儲からない」という方が多くいます。そんなことはありません。現に私のやり方を学んだ生徒の多くが利益を出しています。

もしネット転売関連のセミナーに参加したり、書籍を購入したりしても上手くいかなかった方がこの本を手にしているのだとしたら、この**「山田メソッド」**をやり遂げてください。その時あなたは、この方法の再現性の高さを知るはずです。


本書の特徴は、他のネット転売にないユニークなノウハウを掲載していることです。

初心者にも理解できるように書いていくつもりですが、基礎的なAmazon輸入の手順や、基本的なノウハウについてもっと詳しく知りたい方は、数多く出版されている他の方の著書も合わせて読まれるといいでしょう。

どの本でも基本のノウハウは共通しています。私のこの本では、それらの情報は最低限にとどめることにしました。その代わり独自のノウハウや経験に関して多くのページを割きました。

私がこの本で伝えたかったのは、**「日本語だけでできる中国輸入」**であることと、その**「自動化」**です。そして**「中国人とのコミュニケーション」**に対する意識のあり方です。

私は、ネット転売でどうしても上手くいかなかったという人にこそ、この本を読んでもらいたいと思っています。

この本の内容について簡単にご説明しましょう。

まず**1章**では、Amazonでの中国個人輸入というビジネスを選んだ理由について書いています。

2章では、Amazonで販売する商品のリサーチに関して、独自のノウハウを紹介しています。

3章と**4章**では、他のネット転売にはない山田メソッドのユニークな部分を具体的に紹介しました。私が実践する「日本語だけでできるAmazon中国輸入」の内容と具体的なやり方、これまでの体験談などをお伝えしましょう。具体的な仕入れ量と売上、そして利益についても触れています。

5章では、これまでお伝えした「山田メソッド」の特徴をわかりやすく復習していきます。

6章では、初心者が活用できるように、私の中国輸入ビジネスの基本的な流れをまとめました。5章までの内容でわかりにくいところがあった方は、ここを読んでください。

7章は、私のコンサルタントの生徒である山田メソッドの実践者たちとの座談会という形式で、彼らの生の声を掲載しています。

そして**終章**では、中国という国の方々とパートナーシップを結ぶことについて、改めて私なりの考えをまとめさせていただきました。

私はこの中国輸入ビジネスと出会うことで、お金を得られただけでなく、自分の時間を自分のために使えるようになりました。

会社を辞めた今では、あの頃には考えられなかった多くの時間を、子供と一緒に過ごせています。

朝は子供を幼稚園に送りに行き、夜は一緒にご飯を食べる。こんなことが当たり前にできなかった昔の自分が不思議なぐらいです。

この本が、あなたの人生を豊かにするきっかけになればと思っています。そして、この本を手にとっていただいた方の生活が、ほんの少しでもいい方向に変わったのであれば、私は最高に幸せです。

※本書は、２０１５年４月現在の情報を元に記述されています。その後に変更される場合があることをあらかじめご了承ください。
※本書では１人民元を20円で計算しています。
※本書の内容は、著者独自のノウハウであり、Amazonによる公式のものではありません。Amazon.co.jpなど小社、著者以外へのお問い合わせはお控えください。
※本書のノウハウの実行は、ご自身の責任で行ってください。

目次

1章

「なぜネット転売なのか」

1　ネット転売を始めたきっかけ

私はカーグッズを扱う会社の社員として、ヤフーでのネット販売を担当していました。具体的にはヤフーオークション（ヤフオク）でカーグッズの販売を任されていました。

ヤフオクでは複数の同一商品は、同じ出品（購入ページ）で登録することができます。ところが、まだネット販売の知識が乏しかった私は、スタッドレスタイヤ1セットにつき毎回個別に出品し（つまり1ページずつ購入ページを作り）、倉庫にあるすべてのタイヤを一気に出品し続けてしまったのです。

気が付けば同一カテゴリーに千ページ以上、同じタイヤのページをアップし続けてしまいました。

初心者にありがちな失敗でした。はじめはまったく売れなかったので、とにかくたくさん出品しました。

しかし、それによって思わぬ効果がありました。ヤフオクで「スタッドレスタイヤ」で検索してみると、私が出品した自社のタイヤばかりがずらりと表示されたのです。

自分ではまったく意識していなかったのですが、次々と出品してページをたくさん作ることで露出が増え、効果的なヤフオク対策を無意識に行っていたのでした。

私が作った購入ページしか顧客が目にしなくなるため、必然的に私がアップしたページから購入されるようになり、次々とタイヤが売れました。結果、気が付けば1ヶ月で1年分を売り上げていたのです。

この経験から、インターネットでの物販の可能性を感じた私は、副業として「スターウォーズ」のライトセーバー（光る剣）のおもちゃをAmazonで無在庫販売することにしました。

「無在庫販売」とは、商品自体を持っていないにも関わらず転売することです。

実はAmazonでは無在庫販売は禁止されており、その頃はそんなことも知らずに行っていました。

購入者が現れれば、インターネットを通して私がアメリカのネットショップで購入し、それを購入希望者に転売するというわけです。

私はSF映画好きでもなかったのですが、なぜライトセーバーを仕入れたのかというと、アメリカのネットショップで販売されていたそのおもちゃは、日本未発売だったからです。

そのため、そのライトセーバーはコアな「スターウォーズ」ファンの間ではとてもレアなものとなっていました。私が130ドルで購入したその商品は、日本では3万円ほどで売れました。これを私は30個ほど販売しました。輸送費などを引いても粗利で30万円以上を一気に得たのです。

ここで個人輸入の面白さを覚えた私は、日本未発売商品や並行輸入品のアイテム数を増やしました。

「並行輸入」とは、海外のメーカーやブランドと正規の契約関係にない個人や会社が海外から購入して転売することです。仲介業者が入らない個人輸入の場合、正規の契約店よりも安く売ることが可能な場合があります。

私はAmazonで「並行輸入」というキーワードで検索し、ランキングの順位が高いものだけを販売しました。こちらも購入者が現れたら現地のサイトで購入し、転売する仕組みで在庫は持ちません。

ネットでの転売ビジネスを続けていき、この副業の月商が200万円以上になったのを機に会社を辞め、個人輸入ビジネスに本腰を入れることにしました。

2 行き着いた中国個人輸入

私はこれまでAmazonの他にヤフーオークションやイーベイで欧米商品を輸入して日本で転売したり、日本の商品を海外に輸出して売ったりしてきましたが、私が最後に行き着いたネット転売の手法が、**Amazon中国輸入**です。

この本ではそのノウハウについて徐々に語っていきますが、この輸入ビジネスを一言で言えば、**「中国製品を中国で仕入れて日本のAmazonで売る」**ことです。

その手順を簡単に説明するとこんな感じです。

1 日本のAmazonで売れている中国製品を探す

2 中国のECサイトでその商品を探し、日本のAmazonとの価格差を見る

3 利益率が高ければ、その商品を日本に輸入してAmazonで販売する

簡単に書いていますが、「中国からの輸入」という点が、大変難しいように思える方も多いでしょう。

おそらく最初のハードルとして考えられるのは、「言葉の壁」ではないでしょうか。

どうやって中国のサイトを閲覧するのか。

パソコンやネット上に翻訳機能があるにしても、完璧な翻訳はできません。

さらに言葉の問題をクリアできても、中国のECサイトで購入して日本に輸入する方法が分からないと思います。

それ以前に日本のAmazonで売れている中国製品の探し方だって初心者の方にはハードルが高いはずです。

しかし、これを自動化したのが、私の自称「山田メソッド」です。

それでは、これから少しずつAmazon中国輸入の方法を紹介していきましょう。

3　なぜ中国製品なのか

中国で製造販売されている商品と聞くと、「質が悪い」「偽物が多い」という印象がある方も多いと思います。

確かに時には質が悪い商品に当たる可能性もあります。しかし、そのリスクは事前の検品で回避できます。

また、偽物が多いのも確かです。中国で販売されているブランド品は、ほとんどが偽物と思って構いません。

そのためブランド品については、中国から輸入しないのがAmazonでのセラー（出品者）の暗黙のルールです。

偽物の場合、税関で輸入を止められてしまうリスクがあり、購入費用も戻ってきません。

本物のブランド品も売られてはいるのですが、それをネット上の写真だけで見極めるのは非常に困難です。そのようなリスクの高い商品は避けるべきであり、個人輸入であれば基本的に「中国からはブランド品を仕入れない」ようにするべきです。

そこで、仕入れる商品の基準は、**「ノーブランドの中国製品」**なのです。

中国で製造される商品のほとんどが、ブランド名のない「ノーブランド」であると考えてください。

品質やブランドの訴求力でいえば欧米輸入の方が、まともな商品を売ることが可能です。確かにそうなのですが、私がノーブランドの中国製品を扱う理由は、断然**「利益率が高いから」**です。

利益率が高いとは、中国で販売されている中国製品の価格と日本で販売される時の価格差が大きいということです。

個人輸入や転売ビジネスの初心者もいらっしゃるはずですので、簡単に利益率の計算方法をお伝えしましょう。

それは、単純に「利益÷販売価格」です。

「中国で2000円で販売されている商品」が、「日本で4000円で売られている商品」だとすれば、利益率は50%です。実際には送料などのコストがかかりますので、計算式はこのようになります。

利益（日本の商品価格 − 送料等すべてのコストを含めた仕入れ価格）÷ 日本での Amazon の販売価格

通常、欧米などのネット転売は、輸送費などを含めれば販売価格の1割の利益があれば良い方でしょう。

しかし私の中国個人輸入の場合は、リサーチ費、購入代行、輸送費等すべての費用を含めて、2割から3割以上の利益率が当たり前です。

4　中国輸入の巨大ECサイト　アリババとタオバオ

中国輸入は、アリババやタオバオというサイトで仕入れるのが一般的です。

国内のECサイトで例えれば、アリババがDeNA BtoB マーケットで、タオバ

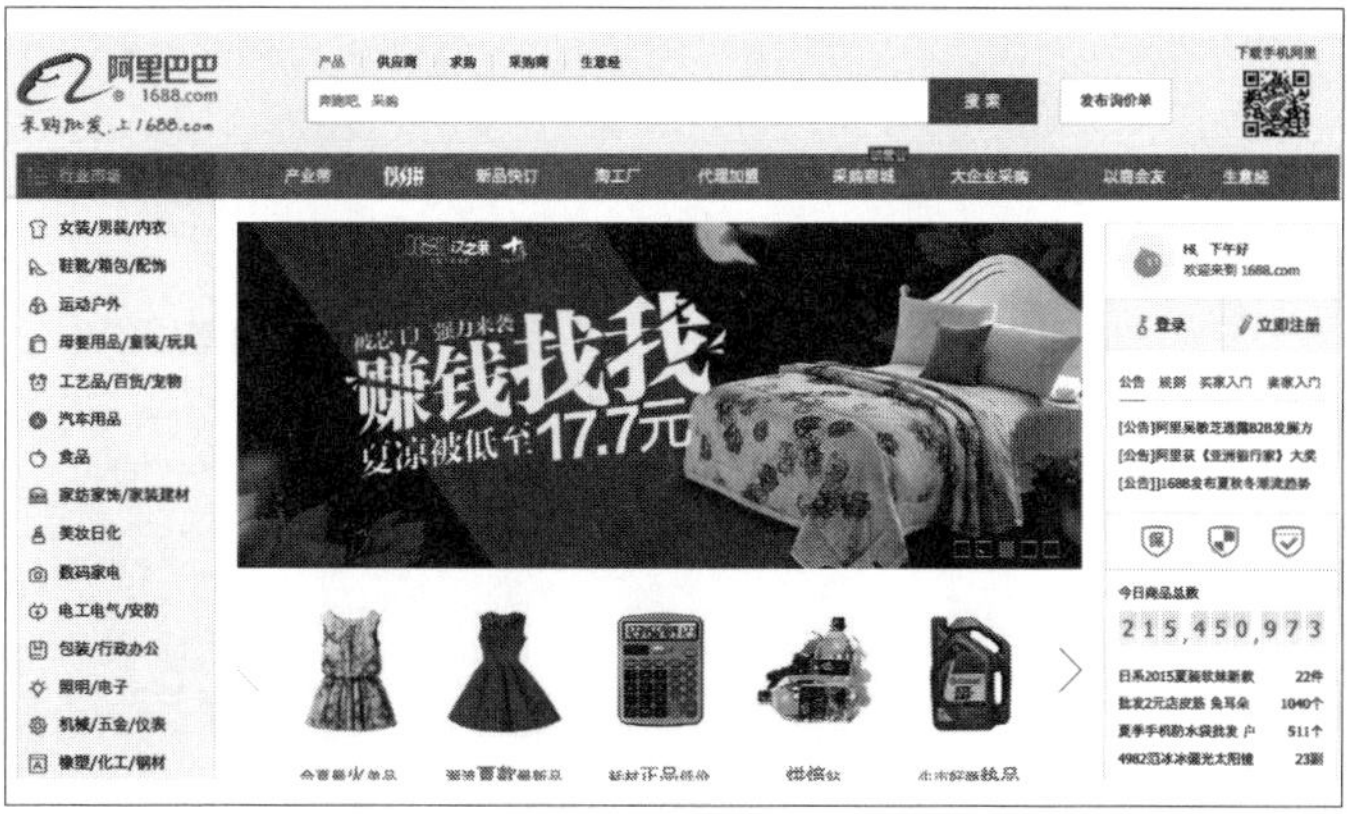

アリババのトップページ

オが中国の楽天やヤフーショッピングといった感じではないでしょうか。

中国輸入は、アリババ、タオバオがなくては始まらないというほど重要な存在です。

●アリババ http://www.1688.com

このサイトは販売主が中国の工場であることが多く、取引ロットも大きく、企業と企業の間の取引がメインとなっています。

製品を持っている企業がアリババ内に自社ページを持ちます。大量のロット数

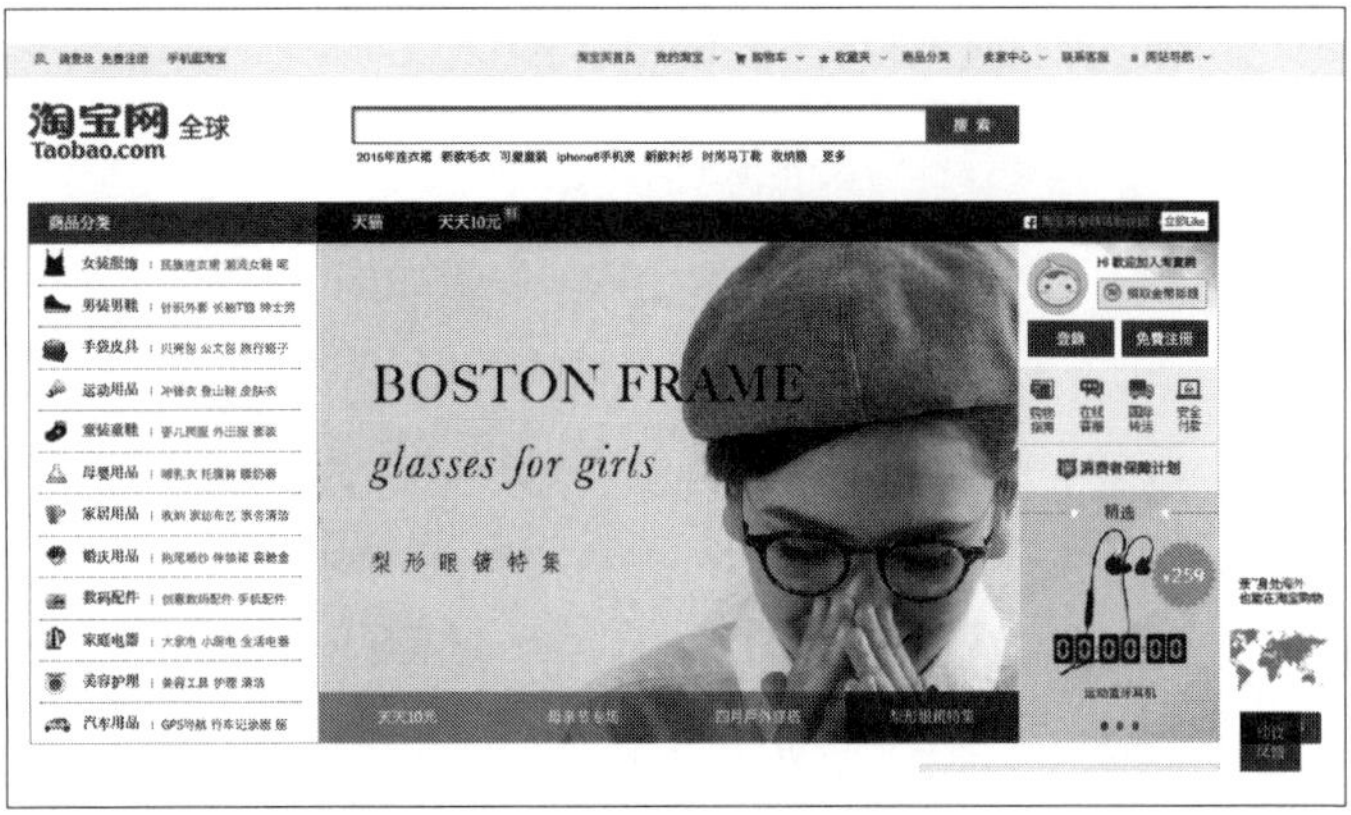

タオパオのトップページ

であれば一品あたりの単価が非常に安い場合が多いです。

アリババの日本向けサイトはありますが、中国現地のアリババと比べれば高くつくので、中国輸入ビジネスに関してアリババ日本向けサイトは考慮しないでください。

●タオバオ
http://www.taobao.com

タオバオは、アリババが出資したアジア最大のECサイトです。中国のオンラインショップの7割を占めています。小売りが中心で、タオバオの販売者にとってアリババは重要な仕入れサイトです。

タオバオ専門の購入代行業者も数々あります。中国で仕入れることができるのは現地中国人か現地中国企業であるため、日本人が利用しようとすると、一般的には仕入れの代行業者を利用することになります。

しかし本書では、代行業者は使わずに**現地中国人と直接取引する**ことを前提としています。

5 なぜ最安値でも利益が出るのか ～山田メソッドの基本～

Amazonを利用したことがある方はご存知かと思いますが、購入したい商品を検索すると、その商品を最安値で出品しているセラー（出品者）の商品ページを簡単に見つけることができます。

同じ新品の商品であれば、誰でも一番安い価格で購入したいはずですよね。当然のようにAmazonでは値引き競争になり、必然的に価格が安いものが売れる構造になっています。

それはもちろん販売する側からすればデメリットです。

本来であれば適正価格で売りたいのですが、Amazonに顧客が集まる以上、ライバルに合わせて価格を下げざるを得ないという、苦虫を噛み潰すような現状があります。


価格競争になってしまうと、大量購入して価格を安くできる大手と人件費の安い中小企業で争うことになるのがこれまでの小売業でした。

しかしネット転売に関しては、どちらにも属さない個人事業主が価格面で優位に立てるのです。

時間給で働いていない一個人は、販売価格に人件費が乗らないからです。

インターネットがなかった時代は、店舗を持たない個人が大量に商品を販売することは不可能でした。

それに反して大手は大量に仕入れることで価格を安くし、広告費をかけて巨大な店舗にお客の足を運ばせました。

一方で、店を持っていたとしても広告費をかけられない個人店舗は、商店街で近所の顧客を相手にするしかありませんでした。

これが、インターネット普及前の小売業です。

しかし、今はAmazonや楽天というインターネット上の巨大商店街に土地を持たずに自分の店を持つことが可能です。

特にAmazonの場合は、最も安い価格で販売すれば自分の商店へ顧客を簡単に誘導できます。逆に言えば、**最安値で売っても利益が出る構造**を作ることが必須なのです。

そこで、私は中国の商品をターゲットにしました。

後ほど詳しく説明しますが、簡単にまとめると私の中国個人輸入が成功する理由は、この3点に集約されています。

●山田メソッド　基本その1

中国のノーブランド商品であること。

中国では、日本での販売価格の数分の一の価格で商品が製造販売されています。また、中国の物価は都市部でも日本の5分の1ほどで、欧米とは比べものにならない仕入れ値の安さが保証されています。

また、中国のノーブランド商品の多くには、「流行り廃《すた》り」がありません。1年を通して一定の売り上げを期待できます。

●山田メソッド　基本その2

主に個人の現地在住の中国人を仕入れ担当者にします。

製品を仕入れる仲介業者は中国にも存在しますが、日本と比べるとだいぶ安価だとしても経費は乗せられてしまいます。より多くの利益を出すために人件費が乗りづらい個人の中国人パートナーと契約するのです。

●山田メソッド　基本その3

さらに日本語ができる中国人をより良いビジネスパートナーとして育成します。

現地中国人が中国で製造販売されている「日本での Amazon 売れ筋の商品」をピックアップし、輸入品のリストが作れるようにインターネットを使って教育します。

この山田メソッドは、私が経験から得た独自の中国個人輸入ビジネスの手法です。これにより仕入れや交渉、中国国内での返品、交換、輸入が難しい商品の取り扱い、関税の節約、時間の短縮、コスト削減、ＦＢＡ直送でのビジネスの自動化などなど、他のノウハウにない多数の利点が生まれるのです。

6 なぜAmazonなのか 山田メソッド「Amazonのいいところ」ベスト5

過去にはヤフーオークション、ヤフーショッピング、楽天、イーベイも経験してきた私ですが、今ではAmazon一つに絞ってます。

ネット転売が初めての方のためにも、私がなぜAmazonを選んだのかを紹介しましょう。

Amazonの優れている点は多々あります。それでは、私山田野武男が選ぶ「Amazonのいいところ」ベスト5！

第5位
出品商品の管理ページが優れている

セラー（出品者）用の管理ページで売れ行きや在庫数、売上など当たり前の機能が簡単に見られることもありますが、ユーザーインターフェイスを考えたサイト構成がされていると思います。

また、管理ページ内で迷ってもヘルプ機能が充実しています。

初心者は、Amazon のヘルプで「動画マニュアル」と検索してみてください。初めての出品者向けに、言葉だけでは説明しづらい点を動画で解説してくれています。

第4位 少ない商品アイテムでも販売可能

ヤフーオークションは別ですが、他社の大手ECサイトでは商品点数が多くないとなかなか売れないのが現状です。Amazon では数量に関係なく、大口出品者かどうか、価格が安いかどうかだけで一個人が十分に大手量販店に対抗できます。

第3位
クレーム対応やカスタマーサービスの手厚い対応

例えばヤフーオークションやイーベイの場合、出品者と購入者が直接メールや掲示板でやりとりをすることになります。クレームなどが来た時に個人での対応は非常に時間が取られるものです。

特にイーベイの場合だと海外の顧客がほとんどで、直接英語で対応しなければなりません。

その点、Amazon はクレーム対応の一次受けをしてくれることが大きなメリットです。

また、カスタマーサービスの対応がとても良く、メールであれば24時間以内に回答が届きます。

電話での対応も親切丁寧で、他社にはなかなかない上質なサポートシステムだと思います。

第２位
商品の登録が超簡単

これまで多くのECサイトでは商品を販売する場合、その商品の販売ページを作る必要がありました。

楽天などの場合、数十万円かけて「売れるページ」を業者に依頼することもあり、個人ではなかなか太刀打ちできません。

しかし、Amazonでは一商品に対しての商品ページは、複数の出品者がいても一つだけです。

既に出品されている商品と同じものを出品する場合は、商品ページを作る必要がありません。その商品ページに自分の出品商品のリンクを付けるだけで販売できるのです。

第１位
倉庫納入から配送まで一括でラクラク

これはＦＢＡというAmazon独自の流通管理システムのことを指します。

ＦＢＡを使うには「小口出品」での登録ではなく、「大口出品」を選択しなければ利用できません。

個人で大量に商品を販売したい場合、家に在庫を抱えるわけにはいきません。奥さんに内緒で副業を始めて、家に大量の段ボールが届いてしまっては、「あなた何買ったの！」と怒鳴られることは間違いなしでしょう（笑）。

そういう問題を解決するのがAmazonのＦＢＡです。手間がかかる梱包から配送までの作業をすべて行ってくれるのです。

このＦＢＡについては、もう少し説明させてください。

7 ＦＢＡがとにかく素晴らしい

ネットで商品を転売するなら、Amazon 以外にも楽天、ヤフーオークション、イーベイなど巨大なプラットフォームが存在します。

その中で私が Amazon を採用した最も大きな理由が、さきほど紹介したＦＢＡの存在です。

《初心者ポイント》

ここで Amazon 初心者の皆様にＦＢＡについて説明しましょう。

ＦＢＡとは「フルフィルメント・バイ・Amazon」の略で、Amazon が出品者に代わって、注文された商品を出荷するシステムです。

「フルフィルメント」とは、商品の受注、梱包、発送、入金、在庫管理、クレーム対応など、通販で発生する業務をすべて管理する運営体制のことです。

Amazon のサイト内には、ＦＢＡについて以下の説明があります。

対象とする商品をAmazonが運営する倉庫（Amazonフルフィルメントセンター）へ納品していただければ、その後の受注管理、出荷業務、出荷後のカスタマーサービスをAmazonが代行します。また、FBA対象の商品は、国内配送料無料、Amazonプライム、ギフトサービスなどが適用され、受注、出荷、配送、カスタマーサービスの品質はAmazon.co.jpリテール部門が扱う商品と同等です。

納品作業以降の業務はAmazonが代行します。納品した商品の受領状況や在庫の状態は、セラーセントラルから確認できます。

FBAを利用して商品を出品する場合、まずAmazon.co.jpの出品用アカウントを登録し、商品の登録、納品作業が必要です。


各セラーは仕入れた商品を登録し、Amazonの倉庫に送って保管してもらいます。そして購入者が現れればAmazonが自動発送してくれるのです。

AmazonのFBAが誕生するまでのネット転売では、在庫保管、梱包、配送という作業をすべて個人でやらなければなりませんでした。

配送代行手数料 料金単価

FBA 標準サービス料金表 *1（Amazon.co.jpで受注した商品の配送）

配送代行手数料*3	メディア 小型	メディア 標準	メディア以外 小型	メディア以外 標準	大型商品 区分1 100cm未満	大型商品 区分2 100cm以上-140cm未満	大型商品 区分3 140cm以上	高額商品
出荷作業手数料（個数あたり）	¥86	¥86	¥76	¥98	¥515	¥555	¥590	¥0
発送重量手数料 *2*4*5（出荷あたり）	¥56	0-2kg: ¥78 +1kg: ¥6	¥163	0-2kg: ¥221 +1kg: ¥6	¥0	¥0	¥0	

AmazonのＦＢＡ配送代行手数料　※ 2015 年４月時点の手数料です。

そのため大量の商品を一人で処理するには、以下の限界があったのです。

・配送作業に関する時間的限界

・在庫を保有するスペース的限界

これが個人ネット転売の販売個数を決める限界でした。

しかし、ＦＢＡのシステムを使えば家に在庫を抱えることなく、購入者のところまで商品が届きます。

売れる商品であれば、いくつでもＦＢＡに納めてしまえばいいのです。

ＦＢＡの手数料ですが、前ページの図のように大きさや重さで異なります。

この表にある「メディア」とは、本やＣＤやＤＶＤなどのいわゆる出版物です。

もともとAmazonはアメリカで書籍のインターネット通販から始まっており、サイト上でも商品の取り扱い方が出版物とそれ以外では分けられる傾向にあります。


このＦＢＡのお陰で、個人での大量販売が可能になりました。

私は、リピート商品については**中国から直接ＦＢＡの倉庫に納品**してもらっていますが、もちろんインボイスの作成など、輸入に関わる諸々の作業も発生します。私の場合はそれさえも現地中国人に依頼しており、ほぼ自動でAmazonの倉庫に発送され、ほぼ自動で顧客まで届く仕組みになっています。

これが私の言う**「自動化」**です。山田メソッド独自のやり方だと思います。

8 超簡単な利益の構図

ここまでAmazonでネット転売をするメリットについて書いてきました。

しかし当たり前の話ですが、どんな商品にもコストが存在し、そこにマージンを乗せて売れなければ利益は出ません。

サービス業であれば最低でも、提供される商品の仕入れ費と人件費、家賃などがかかります。製造業では、主に仕入れた材料と加工費、そこに関わる人件費や設備投資費用、土地の賃貸料等がかかるでしょう。

一方、私が行っている（転売による）中国個人輸入は、大ざっぱに言ってしまえば仕入れ値だけをコストとしています。もちろん手数料、送料、関税などのコストはかかりますが、中国人と取引する際は、それらを含んだものを「仕入れ値」として取引しています。計算式はこのようになります。

日本のAmazonでの商品Aの販売価格－中国での商品Aの仕入れ値＝1個あたりの商品Aの利益

ただの引き算です。

商品購入費や手数料、送料が含まれた上での「仕入れ値」に対し、それを実際にAmazonでいくらで販売するのかで1個あたりの利益が予想できます。

中国個人輸入ビジネスで儲けるには、**「日本で売れている中国製商品をできるだけ安く仕入れ、できるだけ高く販売する」**ことです。

それがこの引き算の意味するところです。

これだけ聞くと、とても簡単なように思えますよね。

転売するのだから、Amazonで売れている（販売ランキング上位の）商品であれば、その商品を仕入れただけでどんどん売れていくと思われるのではないでしょうか。

しかし、単純に引き算だけでは終わらないのがネット転売の難しいところです。

それは、自分で決定した販売価格を下げざるを得ない状況が出てくる可能性があるからです。

《初心者ポイント》

Amazonで商品転売を始める初心者にAmazonでの販売方法の基礎知識を紹介しましょう。

Amazonで商品を出品する際には、必ず同じ商品の販売ページにリンクで紐付《ひもづ》けなければいけないというルールがあります。

Amazonのセラーはこれを、「相乗り出品」と呼びます。マーケットプレイスに出品することです。

「でも同じ商品を、みんながばらばらに販売しているように見えるのだけど…」

そう思われる方も多いでしょう。

ここで「相乗り出品」についても簡単に説明します。

Amazonで商品を検索すると、検索ワードに関連する商品がいくつか出て来ます。その中から1点選ぶと「カートに入れる」と書かれたボタンが表示されたセラーのページが表示されます。

ページの右側には、「こちらからもご購入いただけます」ということで、同じ商品を出品しているセラー（出品者）のリストを見ることができます。

同じ商品が多くのセラーから出品されていても、商品の1ページ目に大々的に表示されるのは一社の販売ページのみで、他の出品者の商品は「カートに入れる」ボタンと価格とショップ名しか表示されません。

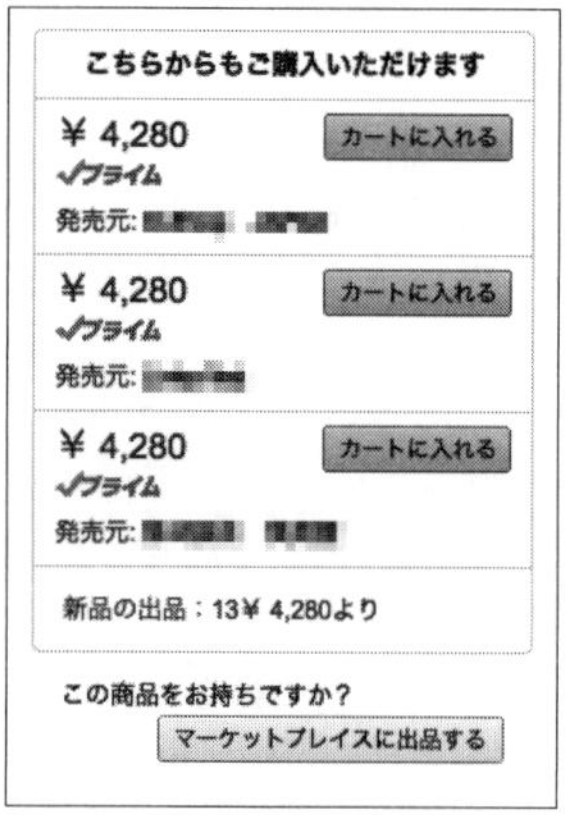

「こちらからもご購入いただけます」は最大3アカウント

これはAmazonで、一つの商品には一つのIDしか存在させてはいけないという規約があるからで、一つの商品IDにすべてのセラーの同じ商品が紐付けられます。

Amazonが同一商品を管理するIDを「ASIN」と呼び、異なる出品者であってもAmazonの既存販売商品であれば共通のASINコードで管理されます。

ASINコードとは、Amazon内で販売される同一商品に対して自動で割り振られる全世界共通のAmazon独自の商品コードです。

検索されて1ページ目に写真付きで大きく表示されることを、**「カートを取る」**と言います。

前述したようにカートを取れなかったセラーは、カートを取っている商品に相乗りして販売することになります。

各々商品独自のページを作成する必要はありません。ASINコードで検索して出て来た商品ページの右下に「この商品をお持ちですか？」という表示があるので、「マーケットプレイスに出品する」というボタンからリンクをたどって、既存の商品に紐付けることで手軽に出品できます。

カートを取って1ページ目に表示されれば断然売れやすくなりますが、誰の商品がカートを取るかは、先着順ではなくAmazon の判断になります。

カートを取るにはまず、ＦＢＡを利用している**大口出品者**であることが必須です。

それ以外では**出品者のこれまでの評価**などが考慮され、Amazon 側が商品のトップページに表示するセラーを選定します。

また、一度カートを取ると永遠に同じセラーの商品が1ページ目に表示され続けるわけではなく、Amazon 側の判断で頻繁に変更されます。

私の実績から言うと、カートを取れた商品は他のセラーと比べれば3倍以上売れます。

その次に売れるのが商品ページの右側に表示されている「こちらからもご購入いただけます」というリンクです。

商品ページによって若干異なりますが、その数は最大3アカウントです。

この3つの枠に掲載される条件も最安値のもの、大口出品者、レビューの評価が高いなど、他のセラーと比較評価された上で決まります。ちなみに下図の商品をご覧ください。

ここで例として挙げた「レーザーコリメーター」の場合、カートを取ったセラーの価格より、他の出品者3名の価格の方が安いです。

この3者がカートを取れていない理由としては、FBAを利用していない小口出品者であったり、レビューの評価が低いセラーであったりする可能性があります。

また、カートを取れていないセラー3者が同一価格にしていることに注目してください。

Amazonでは最安値のものを探しやすくし

カートを取ったセラ　が最安値ではないケ　スも

ており、1円でも安いものから売れていきます。誰かがライバル達より価格を下げると周りも下げ始めるので、自分も同様に価格を下げざるを得なくなるのが現状です。

しかしこの商品の場合、**セラー同士が無駄な価格競争に陥るのを防ぐために揃って同じ最低価格に合わせています。**

3者とも暗黙の了解で最安値に足並みを揃えているのです。むやみに価格競争を仕掛けないことは、Amazon のセラー同士の暗黙のルールでもあります。

国内送料も含めた上で、仕入れ価格より高く売れれば利益は出ますが、もしもライバルの出品者の販売価格が自分の設定した価格よりだいぶ低ければ、ずっと売れ残ってしまう可能性もあります。その時は赤字覚悟で値下げしなければなりません。

こうして価格競争に陥った結果、仕入れ費用との差が出にくくなるのが、多くの人が陥る「儲けられない原因」なのです。

そこで前述のように私は、最安値で販売しても利益を生む構造を作る必要があると感じました。安く販売しても利益が出る体制を作ろうと思ったのです。
それは、**「いかに安く仕入れるか」**ということでした。
それはもちろん**「世界の工場」と呼ばれる中国**から仕入れることです。

9　各ECサイトのメリットとデメリット

これまで私は複数のECサイトのネット転売にもチャレンジしてきました。その結果としてAmazonでの中国輸入に行き着いたわけですが、その経験を踏まえた上で、他社ECサイトとAmazonの比較も紹介したいと思います。

●楽天のメリットとデメリット

楽天のメリットは、日本での集客力が強いことでしょう。特に50代以上の中高年の支持が圧倒的に強いのが特徴です。

2013年のゲインとZENによる「シニアの消費に関するアンケート調査」によると、50代以上が利用するネット通販サイトについては、ダントツで「楽天市場」が1位で89.4％でした。

2位は「Amazon」。55.2％でシニア層には大きな差をつけられています。

楽天の魅力を購入者の立場で考えれば、販売者が独自に商品販売ページを作成するので、ページデザインなど魅力的に映るものが多いと思います。

楽天に出店している企業のページを覗くと、思わず購入したくなる商品画像やキャッチコピーが並びます。独自性の強い販売ページを作ることが可能です。

しかし、私のように個人として転売するセラーの立場で見ると、一つ一つ自分が出品する商品ページを作る必要があることにデメリットを感じます。

大手と競合することになると、時間やセンス、それに関わる費用のハードルを非常に高く感じます。

楽天向けの商品購入ページを外部に発注すると数十万円かかります。コンサルタントを含めたページ制作となると100万円以上にもなり、持っている商品の独自性、または商品点数と価格で他社との差別化ができなければ参入しても大きくは儲からない市場です。

また、Amazon に比べて楽天は、月額の固定費が高いのが特徴です。

2015年4月時点で Amazon は大口取引の月額が3ヶ月無料でそれ以降ひと月4900円なのに対して、楽天で出店するとなると、「がんばれ！プラン」で月額19500円です。

つまり楽天は、最初から大口取引を前提にしているリアル店舗や企業がインターネットにも進出する場合に使われており、個人向けではないと私は考えています。

●ヤフーオークションとヤフーショッピングのメリットとデメリット

ヤフーオークションも出品ページは自分で作る必要がありますが、一点から出品することが容易であり、出品は無料で落札価格から手数料が引かれるだけなので、ネット販売の練習として参入しやすいでしょう。

ただし、前述したように購入者とのやり取りを Amazon のように代行してくれるわけではないため、強くクレームを送ってくる購入者がいた場合のやりとりに時間が割かれることがあります。

私としては購入者とのやりとりに時間が取られることを避けたいため、大量数の出品が厳しいと考えています。

しかしメリットは、月額利用料0円ということです。

数年前までヤフーオークションは素人の市場、ヤフーショッピングはプロの市場という認識がありましたが、ヤフーショッピングへの出店も無料化されたことで出品のハードルが大きく下がっています。

ちなみにヤフーショッピングが無料になった時に「不毛な値下げ競争」と一部のネットユーザーから叩かれました。

その時にヤフージャパンを連結会社に持つソフトバンク社長・孫正義氏は、ツイッターに「不毛ではない。まだ残っている」という自分の髪の毛をネタにした名言を残したのには、申し訳ないですが大ウケしました。

●イーベイのメリットとデメリット

イーベイは、アメリカ最大のネットオークションサイトで、世界中の商品を購入することが可能です。

イーベイでの輸入による国内転売は非常に盛んになり、円高の時には非常に利益率も高く儲けることができましたが、最近では参入者が急増し、ライバルが増えたことと円安によりうまみがなくなりました。

もともと欧米仕入れはメーカー商品の型番商品仕入れがメインですので、英語がわからなくても型番で検索することが可能なため、誰でも簡単に日本で売れている商品と同じ物を見つけることができます。そのためセラー間の競争が激しい市場です。

ただし、ネットショッピングでの知名度は世界最大。世界中を相手にビジネスが可能。世界を見渡せば、イーベイをプラットフォームにして億単位のお金を得ている海外の輸入業者は無数にあります。

日本人のデメリットとしては、主に海外の顧客とビジネスをしなければいけないというリスクが生じることです。

イーベイの主戦場は欧米なので購入者と英語でのやり取りが発生します。昨今では翻訳サイトの技術も上がっていますが、なかなかスムーズにやりとりできない場合が多く発生します。

また、海外の顧客との取引なので、近場の中国と比べた場合に返品などの際に輸送費のリスクが大きくなります。

さて、ここまでで取り上げた他社ECサイトと比較したAmazonのメリットは、以下の2点で表せるのではないでしょうか。

- **個々の商品のページを作らなくていい！**
- **顧客の一次対応をしなくていい！**

ただし、どれを利用するかは個人の好みや自分を生かせる場所次第だと思います。

ＥＣサイトによってプロモーションや商品展開も異なってくるので、どれを活用するかは本書も含めていろいろ調べた上で、自分と相性の良いものを選んでいただければ良いと思っています。

10 ネット転売失敗談

私の中国輸入ビジネスは、今では商品仕入れで赤字になるものがない状態ですが、ネット転売を始めた頃には失敗がたくさんありました。

既にネット転売を始めている方は、私と同じような経験があるのではないでしょうか。

●売れている商品を取り寄せられない

Amazonでの無在庫販売をしていた頃（実際は禁止されており、その頃は知らずに行っていました）、日本で売れているのに海外での在庫がなくてその商品を取り寄せられなかったことが何度かあります。

それは、同じようにその商品を売りたい出品者が増えたからです。需要が高まり海外で販売しているショップでの供給が追いつかなくなった状態です。

例えば欧米輸入のケースですが、黄砂が日本でも問題になっていた時期に海外の高性能マスクが仕入れられなかったことがありました。

また、アメリカの人気ドラマのトレーディングカードボックスなど、日本でヒットしているごく短い期間に一時的に需要が高まると、売れすぎて仕入れられなくなりました。

「この商品は売れる！」と自分が気付いた時には、他の出品者もそれに気付いていると思ってください。欧米輸入をやっていると、ブームに左右されるというのはよくあるケースです。

「ブームに左右される」ということは、ピーク時に出品者が増えることが必至なので、売れ過ぎる前に引くのが鉄則です。その読みを間違うとブームが去った後に大量の在庫を抱えることになるでしょう。

●出品者が急激に増えて行く

山田メソッドを確立する前のことです。他の中国輸入ノウハウ本では、自分でアリババやタオバオをリサーチして仕入れ商品のリストを作ることを勧めていることが多いのですが、私は@SOHOやランサーズ、トレードチャイナなどのクラウドソーシングで仕入れ商品のリストを作成していただく方を募集していました。

ある時、売れる商品ばかりリスト化してくれる優秀な商品リサーチャーとマッチングできました。

その方の商品を仕入れて販売していると確かに売れていくのですが、ほぼすべての商品がどんどん価格が下がるという現象に遭いました。

それは急激に出品者が増えたからです。

おかしいなと思って調べたところ、リストを作成していただいていた方は、他の顧客にも同じ商品リサーチ情報を渡していたらしいのです。そのため同じ商品に出品者が次々に登場して価格が下がっていきました。

仕入れ商品候補のリスト作成を他人に発注する場合は、「その商品リサーチは自分だけに提出されるものか」を発注前に確認してください。

●写真の商品と実物が違う

海外のサイトで掲載されている写真と、購入した商品が異なるということは稀にあります。

その場合は返品すれば良いのですが、事実上返品できないことがあります。

欧米輸入の場合ですが、返品するには送料が大きな負担になるからです。返品しても送料の方が高い場合があるのです。

イーベイで欧米輸入を行っていた時です。カナダの出品者が中古スウォッチを約5ドルで出品していました。イーベイ内画像には大きくスウォッチが映っていました。

「こんなに安くスウォッチが購入できるのか！」と思い一品取り寄せてみました。

そして届いたのは、商品ページと同じ画像のスウォッチのポスターでした…。

しかも送料が7ドルです。商品より送料が高い…。

翻訳サイトを使って抗議しようと再度商品購入ページに行くと、商品画像の下に小さい文字で「This Swatch is　なんちゃらなんちゃら（英語で書かれており忘れてしまいました）a poster.」と書かれていました。つまり、「スウォッチのポスターです」ということが、小さく書かれていたのでした。

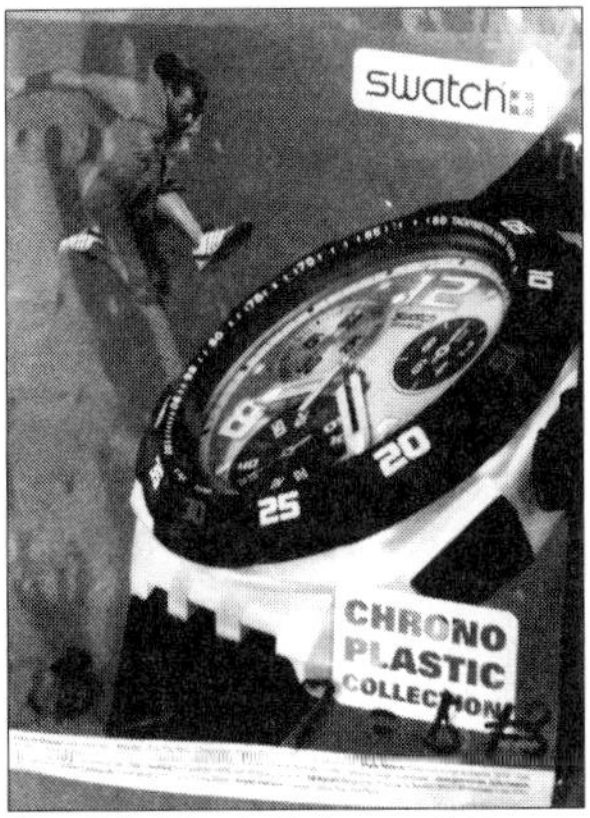

私の元に届いたスウォッチのポスター

誰が何のためにスウォッチのポスターを買うのでしょうか…。
詐欺とも言い切れず、英語力のない私は渋々抗議を諦めたのでした。

2章

山田メソッドによる中国製商品の仕入れリサーチ

1 成功する商品リサーチの作り方

仕入れる商品情報を集める作業を「商品リサーチ」と言います。

多くの方は、この「商品リサーチ」を自分で行っています。他のノウハウ本でも、それを前提に書かれているものがほとんどです。

当然ですが、どんな商品が仕入れ値より高く売れそうかどうかを調べて仕入れることとは、最も重要な転売のプロセスです。

多くのセラーは、いくつかの項目を見て利益が出るかどうかを判断しています。

ここで、(山田メソッドではない)一般的な商品リサーチ方法を紹介しましょう。

1　日本のAmazonで中国製のノーブランド商品を見つける。

Amazonで「ノーブランド」「中国製」「ノンブランド」などのワードで検索してください。

2　その中で出品者が少なく、ランキングが高い商品を探す。

3　売れている商品を売っているライバルのセラー（出品者）のページへも飛び、販売している商品を確認して売れ筋を真似る。

4　タオバオなどの中国ＥＣサイトでその商品を探す

5　中国ＥＣサイトでの販売価格と日本のAmazonでの販売価格の差を見る

6　送料、手数料を踏まえて仕入れるかを決定する

どうですか？　手間がかかりますよね。

日本のサイトと中国のサイトを行ったり来たりし、経費まで計算しての仕入れになります。

これらの多くを私は現地の中国人に仕入れ値による料率で任せています。

私の中国輸入の場合もタオバオ、アリババといった中国のECサイトで主に仕入れます。

私はこの作業を現地中国人パートナーに依頼しています。

ベルトコンベアからリサーチ結果が流れてくるようにしたのです。しかも毎週送ってもらうようにお願いしています。

毎週その時の為替レートで中国人からリサーチが届き、その時の為替で利益率も計算されることで、**為替の影響を受けなくなります**。

これが他のノウハウと違う点の一つです。

商品リサーチをお願いする際の要件は、最初は3つほどでした。

売上が増えるとともに中国人パートナーも積極的に要件を追加していき、現在ではほぼ完成系と思えるリスト構成になっています。

2　公開　山田メソッド商品リサーチ表

多くのマニュアル本やセミナーで、「商品リサーチが一番大事だ」と語られています。私もそれには同意します。

あなたが商店街に小さい洋品店を持っていると想定してみてください。

あなたが知らない間にバイトが、虎の顔が描かれたワンピースばかり仕入れたとしたらどう思います？

「これ売れるのかい！」と仕入れ担当者をどつきたくなりませんか？

まあ関西のおばちゃんには売れるかもしれませんけど…（失礼！）。もしそうだとしても、それを例えば６５００円で仕入れて７０００円で売っていたらどうでしょう？

売れるか売れないかわからないものなのに利益500円ですよ？

しかも調査もせずに、大量に同じ商品を仕入れてしまっていることも大きなミスです。

リサーチ日 or 発注日	ASINコード	日本Amazonの URL	商品名	商品画像	価格(カート)	価格(新品最安値)	ランキング	新品出品者数	FBA手数料	URL	価格(人民元)	元レート	最低ロット数	国内送料	価格(円)	価格差	比率
2015年2月24日	B00HO4SPBG	http://www.amazon.co.jp/gp/product/B00HO4SPBG	Treasure Mart オフホワイト レディース ショルダーバッグ レザー		3150	3150	8911	1	828		49	18.0	1	8	882	2268	72.0%
2015年2月24日	B002KYLTUE	http://www.amazon.co.jp/gp/product/B002KYLTUE	鎌倉カフス工房 スペードエース カード・カフス(カフスボタン) sc028		1420	1420	10223	1	518		20	18.0	1	10	360	1060	74.6%
2015年2月24日	B00QE1H2KA	http://www.amazon.co.jp/gp/product/B00QE1H2KA	3人の オシャレな雪だるまさん ブローチ ファッションに		2020	2020	28188	1	542		29	18.0	1	12	522	1498	74.2%

山田メソッドの商品リサーチ表

大事なことは、「利益が出るのか」「売れるのか」「仕入れる数はいくつにするのか」です。

私は、新規商品を扱う場合は、複数の商品を最小ロットで仕入れるようにしています。

さらに事前にリスクを回避するため、商品リサーチのリストには、1商品ごとにいくつもの情報を載せるようになりました。

現在、私のもとへ中国人パートナーから送られてくる商品リサーチ表（エクセルのファイルです）には、一つの商品に対して以下の情報が含まれています。

- **日本Amazon のASINコード**
- **日本Amazon のURL**
- **日本Amazon での商品名**
- **商品の写真**

・リサーチ日
・日本のAmazonでの商品の「カート」の価格（①）
・日本のAmazonでの最安値
・日本のAmazonでのランキング
・新品出品者数
・FBA手数料
・中国での購入元（タオバオ、アリババなど）のURL
・人民元での価格
・最新の人民元レート（日本円）
・商品の購入可能最低ロット数（大抵は1個から）
・中国の国内送料
・中国での購入価格と中国国内送料を足した時の日本円でのその商品の価格（②）
・①から②を引いた価格差（③）
・③を①で割った時の利益率

いかがでしょうか？　簡単に見えて、実はこれらの項目を確立するのはたやすいことではありませんでした。

これは初心者の方でも最初から使える**完成形のリスト**だと思っています。

では、このリストについて補足説明していきましょう。

●日本のAmazonでのランキング

基本的にはそのカテゴリー毎に2万〜3万位以内の商品を選びます（ただし、カテゴリー毎にリサーチ候補のランキングは若干異なります）。

リサーチが提出されたら、後ほど紹介するモノレート（http://mnrate.com）というサイトを活用し、その商品が実際に売れているかどうかをグラフで確認します。

モノレートで提供されているグラフを確認すれば、その商品が現在どのような状態で売れているのかが確認できます。

●その商品の新品出品者数

商品リストの作成をお願いする際は、出品者が少なければ少ない方が良いですが、私は10人以下を目安にしています。

セミナーや本でノウハウを伝えるセラーの中には自分が扱う商品について、「出品者数は3人以下」などと出品者数を絞る方もいます。

私の場合、リサーチ自体を現地中国人に頼んでいるため、出品者数の目安は「10人」程度と、ゆるく設定しています。あまり出品者数を絞るとリサーチで出てくる商品数が少なくなるからです。商品リサーチを多く出してもらった上で、自分で精査していきます。

●FBA手数料

セラーはFBAのコストも考慮する必要があります。FBAの料金には、Amazonの「在庫保管手数料」と「配送代行手数料」が含まれています。

「在庫保管手数料」は、商品の大きさと保管日数による手数料です。

「配送代行手数料」には、商品の重量による手数料も含まれます。

従って商品の単価が安くても、大きいものや重いものは手数料が高くなるので、仕入れはなるべく避けます。私は**1キロ以上のもの**は、確実に利益が出ると読めない限り仕入れないようにしています。

パートナーには、Amazon のサイトでFBA手数料を調べてもらいましょう。FBA料金シミュレーターを使うと簡単です。

●中国のタオバオ、アリババでの価格と日本の Amazon での価格差と利益率

利益の推定は、日本の Amazon のカートで販売されている価格と中国での価格差です。

国際送料、国内送料を考えて利益を出すとすると、中国での販売価格が最低**1500円（約75元）以上の商品**を目安にしましょう。

また、ＦＢＡを利用することが前提なので、ＦＢＡ料金も踏まえた上で仕入れ値を計算してください。

リサーチ時点で送料を考えないのだとしたら、まずは**利益率が50％以上**は欲しいところです。

●レビューも参考にする

私のリサーチリストには載せていませんが、日本のAmazonでの商品のレビューの星の数も売れ行きを判断するのに重要です。

悪いレビューが目立つとランキングが良くても次第に売れなくなっていきます。商品としての質が悪く、クレームにつながる商品の可能性が高いでしょう。レビューはできれば星４以上のものを選びましょう。

3　モノレートの波を見る

Amazonでネット転売を行っている方なら、ほぼ全員が使っている「モノレート」（http://mnrate.com）という無料サイトがあります。

キーワード入力の窓にＡＳＩＮコードや商品名を入れると、検索された商品の「最安値のグラフ」「出品者数」「平均ランキング」をグラフで確認できます。

特にランキング変動グラフを確認することにより、売れている状況を判断できます。

現在のランキングを確認するとともにランキングの動きも確認することで、実際に売れているかどうかを自分の目で確かめてください。

ランキングのグラフを見て「波」があるものは「売れている」

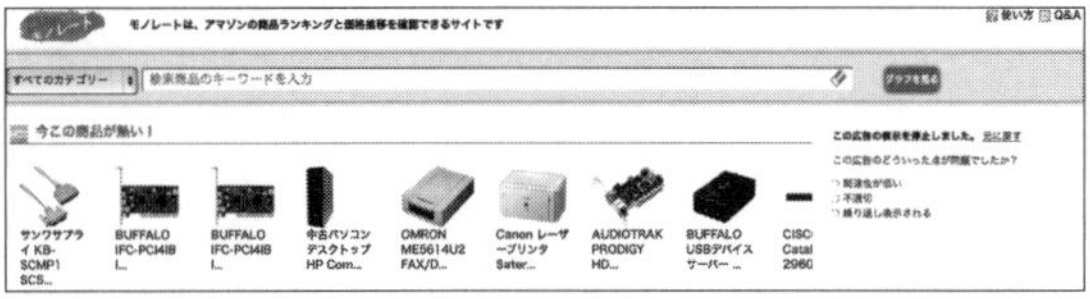

モノレートのトップページ

と判断します。**「モノレートの波」を感じてください。**

●まったく売れていない商品の波

例えば、こんなグラフの商品はほとんど売れておらず、多くのセラーが在庫を抱えている商品と思われます。

最安値に変化がなく、出品者数もほぼ変化がないということは、商品が売り切れたセラーがほとんどいないのだと思われます。

ランキングについても順位が低く、徐々に下がっています。（ランキングが上がれば右肩下がりのグラフになります）

多くの方が見向きもしない商品でしょう。

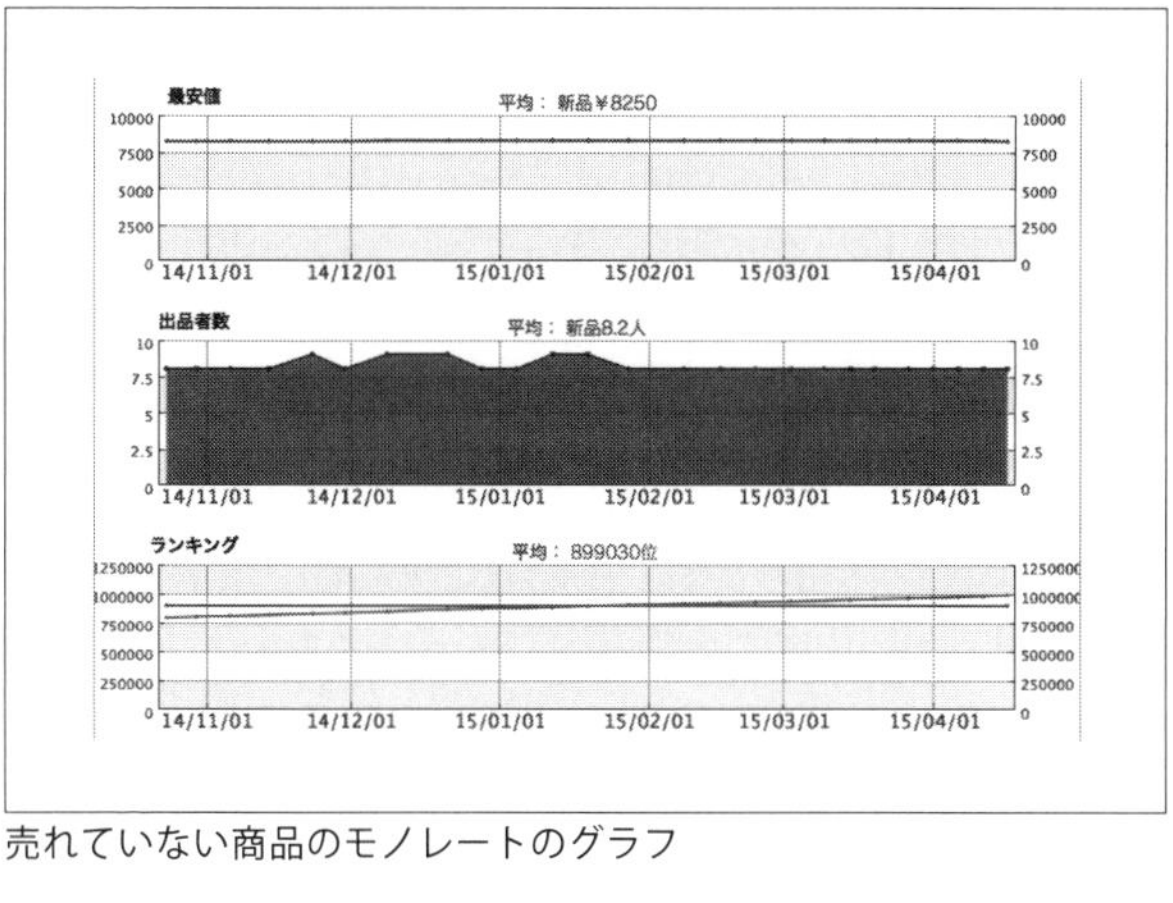

売れていない商品のモノレートのグラフ

●売れている商品の波

では、このような商品はどうでしょうか？

ランキングが波を打っているのが分かります。

しかも2万位前後を繰り返しています。

これは、「売れている商品」です。

出品者数と価格の相関関係も見てください。

グラフの後半で、出品者数が1人に近付いていくと価格も上がっていきます。

安い価格の商品が売り切れて、徐々に販売価格の高いセラーがカートを取って

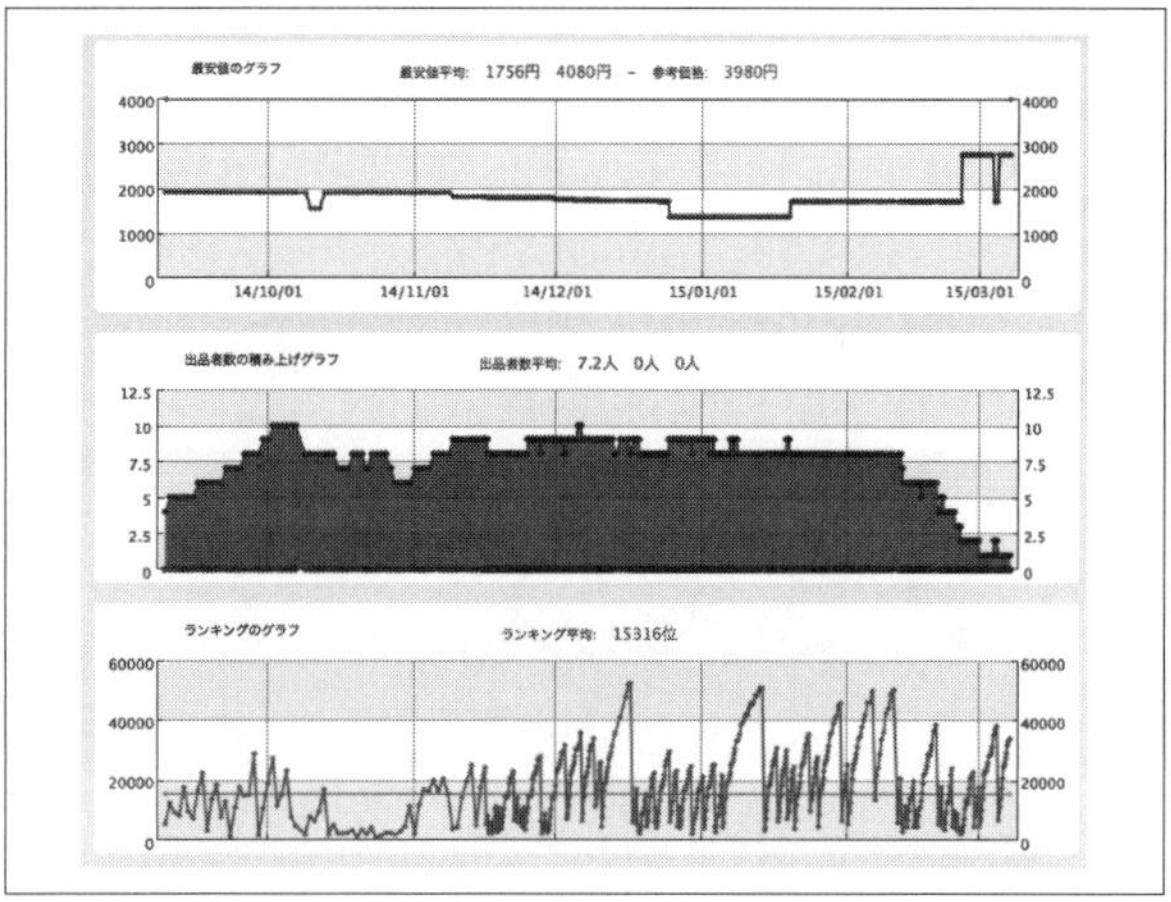

売れている商品のモノレートのグラフ

いるのです。

この商品は、ランキングの上下が激しいのが特徴です。ランキングが上下を繰り返すということは、ブームに関係なく、売れる時は売れるということです。

また、ランキングが下がる場合は、出品者全員の在庫がなくなっている時だと思われます。

このグラフは半年単位で表示していますが、1ヶ月単位や3ヶ月単位で設定して見ることも可能です。

ランキングが下がる時に出品者数が少なくなったのであれば、単純に需要が多くて供給が追いつかずにランキングが下がったということです。在庫があって出品者が少なく、流行に左右されない商品であれば、仕入れるべき人気商品である可能性が高いです。

●独り占めの商品の波

さて、「モノレート」で見た時にこんな商品は、どういう商品か分かりますか？

グラフが波を打つ商品が売れ筋と書きましたが、ランキング以外に大きい変化はありません。

しかもランキングは常に15000位以内と人気の商品です。

しかし、売れているのに出品者は常に一人。

最安値はずっと2000円のまま。

これは、あるオリジナルのアクセサリーのグラフですが、出品者（セラー）が独自に製造販売している商品と思われます。自

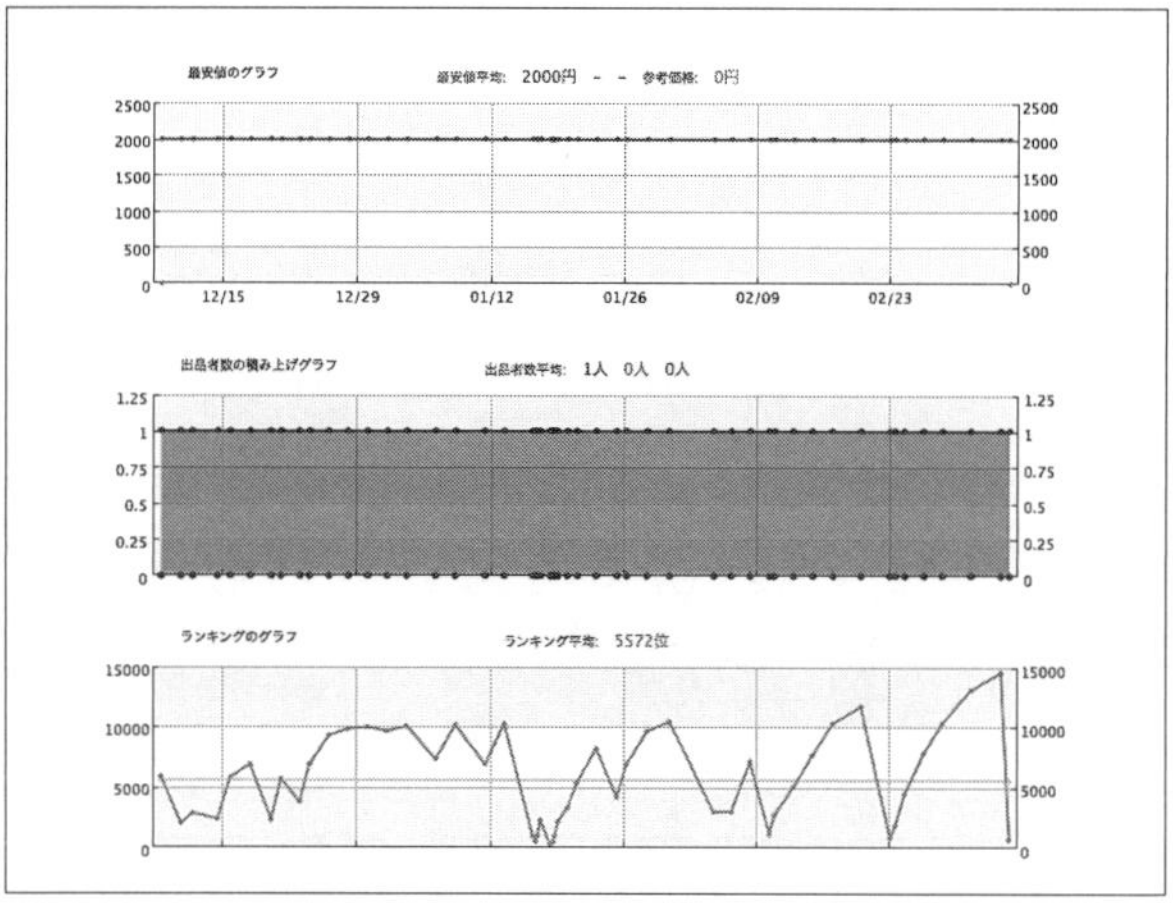

独占されている商品のモノレートのグラフ

前で製造しているからカートを独り占めできているのです。

このような商品で、モノレートで検索した際に過去に複数の出品者がいたものが急にセラーが1人になったという場合は、その時点で「権利」に守られた可能性が高いです。

例えば、微妙に独自加工されていたり、独自のロゴが入っていたりする可能性があります。

これらの商品は同じように見えてもAmazonではオリジナルの商品と見なされるので、その商品に相乗りしようとするセラーがいると、出品者はAmazonへ申し入れてそのセラーに出品を取り下げるよう警告するはずです。

このように商品を独占できればライバルの動向に関係なく売ることが可能です。

ここでワンポイントですが、オリジナル商品ではなくても加工もせずに簡単にASINコードを取得する方法を説明しましょう。

4 ノーブランド商品を独占販売する方法

せっかく売れる商品を見つけても、出品者が増えていくと価格も下がり、購入もされづらくなります。

しかし、中国ノーブランド商品でも少しの手間をかけるだけでライバル出品者が参入できないようにする方法があります。

- **オリジナルのケースに入れる**
- **オリジナルのタグを入れる**
- **オリジナルのラベルを付ける**

これらを行うだけで、ノーブランドの商品があなただけのオリジナル商品になり得るのです。ノーブランド商品に加えるちょっとしたオリジナル性が、独自の新規商品としての登録を可能にします。ただし、これらについてはAmazonが認めない場合もあるのでご注意ください。

オリジナル商品として登録できれば、他の出品者の相乗りを抑制することができます。Amazonが認める形で独占的に販売することができるのです。

他には関連する2つの商品をセットにすることで単独の商品との差別化を図る「セット販売」という手法があります。

同じ商品であれば他者と同じASINコードに紐付けなければなりませんが、自作の商品でなくても、違う商品と組み合わせて販売すれば、新規出品としてASINコードが発行され、カートを独占することができます。

たくさんのライバルが売っている商品であっても、別の商品とセット販売することで、独自のASINコードが発行されます。ただし、その際にはGS1事業者コード（JANコード）の発行をしておくことをお勧めします。

セット販売でいえば、「幼児用のTシャツにズボンを付ける」などがよくある例でしょう。

既存のノーブランド商品に、既存の関連するノーブランド商品をセットにすれば、あなただけのオリジナル商品が生まれるというわけです。

他にも例を挙げれば、下記のようなものはセット販売の定番ではないでしょうか。

- **コスプレ衣装にカツラを付ける**
- **サングラスにレンズクリーナーを付ける**
- **スマートフォンのケースに保護フィルムを付ける**
- **iPhone ケースと iPhone の充電ケーブルをセットにする**

私が実際にやった例では、イベント用の風船100個セットを購入して、それに風船用の空気入れを付けてセット販売したことがあります。

セット販売とは、**「この商品を購入した顧客には、これが必要だろう」と思えるもの同士を組み合わせる**ことです。それだけで他者が参入しづらい独自の商品になります。

ただし、誰でも取り寄せやすい商品のセット販売ではライバルが生まれる可能性があります。セットとして付ける商品は、他の日本人が見付けづらいものにすることが重要です。

5 意外!? こんな商品が売れている

中国個人輸入を行っていると、意外な商品が日本で売れることに気付きます。

売れることが読みやすいものでいえば、**コスプレ系の衣装**はコンスタントに人気です。職業のコスプレ、童話系衣装、ハロウィン関連、カツラなど。

某大型雑貨店でよく見られるコスプレグッズは、ほぼすべてが中国製商品と思っていいでしょう。

これらの商品は、日本の雑貨量販店で買うと一般的に5000円前後といったところですが、日本のAmazonでは3000円前後で販売されています。

中国のタオバオやアリババでは1000円程度で販売されている商品です。送料やFBAの手数料を乗せても、2000〜3000円程度で売れれば利益が得られます。


他には、**iPhone関連のグッズ**は常に人気です。

ケースや画面の保護フィルムはよく売れます。その中で中国商品という視点で見て売れているのは、オシャレなものだけではなく、変わったデザインのものや、頑丈で丈夫であるグッズが売れ筋です。

ケースであれば投げつけても壊れないような分厚いものであり、保護フィルムであればガラス製で傷つかないものなどが売れます。これらの商品は、日本のリアル店舗では高額で販売されているので、Amazonで最安値を付ければほぼ確実に売れます。

特に中国では、保護フィルムの原価はとても安く、普通のフィルムは数円から数十円、ガラス製は数百円程度なので、利益を得やすいのです。

変わったところでは、部品類が売れています。

例えば**自転車の部品**です。自転車本体ではなく、その些細《ささい》な一部品です。荷台、サドル、チェーン、ライトなど。細かいところでは、タイヤに空気を入れる穴の部分が光るようになる電球というのも人気でした。

同じくバイクのパーツも売れます。タコメーターやライトのLEDなどです。おそらく自転車やバイクをカスタマイズするためのものだと思います。これらの目立たない部品類のほとんどが、実は中国製品なのです。

基本的には中国製ノーブランド商品はなんでも売れると思ってください。一時的にブームのものや季節性のあるものもありますが、**ブームに影響されない価格の安い日用品が多い**ことが特徴です。

日用品であればブランドにこだわらない方は、レビューを見て商品自体に問題がなさそうであれば価格の安いほうを購入するでしょう。

最近の中国商品の質は上がってきています。例えば、雑貨店や量販店に行って「見た目もいいのになんでこんなに安いの?」と思った商品は、おそらく中国製のノーブランドのはずです。

しかしAmazonであれば、これらのリアル店舗にある価格より安く購入できます。店舗が仕入れて販売するとなると仕入れるまでの人件費、輸送費、さらに間接費などの経費が乗りますが、Amazonにいる個人セラーはそれらを削減して安く売ることができるからです。

6 中国製品はここに気を付けろ

このように、中国製品にはいいところもあるのですが、一般常識的にも**購入してはいけない商品**もあります。前述したようにブランド品はほとんどが偽物と思ってください。

ブランド品でなくてもCDやDVDは、ほとんどが複製品です。日本のゲームソフトも同じです。

販元が中国ではないメディアを中国で売っていたとしたらコピー品と思ってください。

通関でのチェックも厳しいですし、万が一偽物だった場合は購入費用も戻ってこないので、これらの商品を仕入れるのはリスクが高いです。

中国個人輸入ビジネスは、日本のAmazonで中国製商品を探して同じものをタオバオなど中国ECサイトで仕入れる流れになりますが、同じ商品に見えても素材が違う場合があります。

同じ商品と思って仕入れてもすぐに破れる素材であったり、すぐに壊れる素材であったりすると困るので、私は大量に仕入れる前に、まず同じ商品2個を自宅に送り、検品してからFBAに送るようにしています。

また、Amazonと中国のECサイトで同じ商品名であっても掲載されている写真が異なり、本当に同じ商品かを見極めるのが困難な場合もあります。

中国現地でもビジネスパートナーに検品してもらってはいるのですが、販売前に出品者自身が「日本人の目」でチェックすることが重要であると思っています。

また、ネット転売が初めての方は、中国から商品を輸入する際に、輸出規制に抵触する商品でないかどうか十分に注意してください。

基本知識として以下の品物は、中国から日本への輸入規制が掛かります。

個人輸入の場合、以下の商品は仕入れないことが基本です。

・液体または液体を含んだ商品

中国から輸入する際にEMS（国際スピード郵便）やDHL（国際発送サービス。フェデックスのような企業であるとお考えください）を利用しますが、液体は危険物として取り扱われる可能性が高いため、飛行機に乗せることができません。

・食品

食品安全法により日本での認可が下りたものしか輸入できません。それをネットの情報だけで見分けるのが困難であることと、類似品も多いこと、さらにクール便にするなど輸送方法や輸送費用にも手間やコストがかかることから、個人では手を出さないほうがいいでしょう。

・医薬品

薬事法により厚生労働省の認可が下りているものが輸入の条件です。しかも個人での使用を目的としています。

日本人のニーズとしては、中国からの輸入品だと漢方が売れそうなイメージがあるかもしれませんが、薬事法の規約項目が非常に細かく、Amazonでも規制が厳しいので個人での輸入は難しいと思ってください。

また、未認可薬品は日本で販売する際に体の構造や機能に良い影響を及ぼすと謳《うた》うこと自体が禁止されています。

以上のことから、個人で気軽に輸入する商品としてはお勧めしません。

・バッテリー（電池）利用商品

輸入できないわけではありません。ただし、航空便でリチウム電池を輸入する際は

「危険物」として扱われます。

また日本には輸入できるのですが、電池類は発火の恐れがあり、中国側で没収されます。

時計など電池が内蔵されている商品は、電池を抜いて輸入してください。

私の場合、電動おもちゃでも中国人パートナーに電池を外してもらってから輸入しています。

・コンセントを使う製品

コンセントのある電化製品は扱わないことです。

日本で電化製品を販売する場合、「電気用品安全法」というものがあり、PSEマークを取得しなければ日本で販売できません。

正規輸入代理店の場合、日本で販売する際は日本の電圧規格に沿った仕様に変換する必要があります。

もしPSEマークを取得していない商品を販売した場合、高額の罰金になるのでコンセントのある電化製品は、個人レベルの輸入では避けてください。

山田メソッドとしては、中国商品を扱う場合は「日用品」を扱うことが前提です。それは、個人輸入でもあることから、大きなリスクを背負わないことを重視しているためです。

もしも、どうしてもこれらの商品を取り扱いたいという場合は、税関のホームページで調べたり、輸入前に問い合わせたりして解決することをお勧めします。

3章

すべては中国人パートナーに任せろ

1 商品リサーチは自分でやるな

2章でも書きましたが、Amazonでの転売で最も大事なことは商品リサーチと仕入れ方法です。

私の生徒には中国での個人輸入に関しては、「日本人が商品リサーチと仕入れをするな」ということを教えています。

中国で仕入れる商品のリサーチは、中国人が行うのが一番間違いありません。

「言葉の壁はどうするのか？」という疑問を抱く方が多いと思います。

その解決方法は簡単です。

日本語でビジネスをすればいいだけなんです。

中国には五万と（その十倍以上は）流暢に日本語を話せる中国人がいます。

そのような個人の方とパートナーシップを築き上げるのが、私の紹介する山田メソッドの基本です。

まずは、山田メソッドとの対比として、一般的なノウハウで失敗しがちな例について紹介しましょう。

2章で説明したように、Amazonで、「ノーブランド　中国」などと入力して検索するのが、商品リサーチの一般的なやり方でしょう。

すると検索結果ページに中国のノーブランド商品が数々出てくるはずです。

この中から出品者が少ない商品で、かつランキング上位のものをピックアップする作業に入ります。

そして、売れそうな商品が見つかったら、モノレートなどのサイトで調査します。

モノレートのグラフが売れ筋であることを示していれば、その商品を翻訳機能を使ってタオバオなどで探し出します。

商品がASINコードで管理されているAmazonで相乗り出品するためには、完全に同じ商品でなければなりません。もし同じ商品でなければ、ライバルセラーの通報や購入者からの苦情などでセラーとしての評価が落ち、アカウントが削除される可

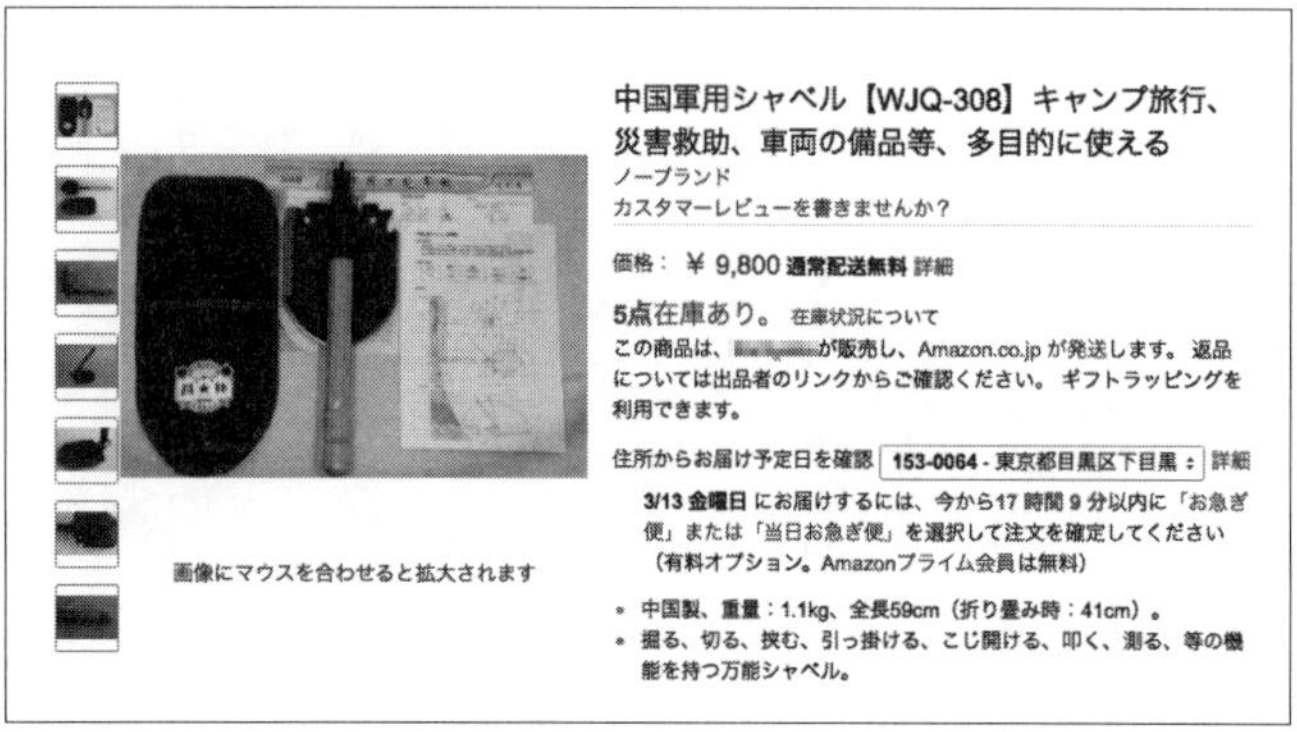

Amazonの商品ページ例

能性さえあります。

しかし、Amazonの商品名をそのまま翻訳しても、同じ商品はなかなかヒットしないはずです。

例えば「ノーブランド品　この夏大人気のワンピース　シンプルでクールなデザイン」という名前の商品があったとします。

この商品名に記載されているキーワードは、タオバオなどで複数ヒットするワードばかりなのです。おそらく同一商品にたどりつくのは困難でしょう。

一方、例えば上の図のような商品はどうでしょうか？

この商品を探すため、中国のECサイトで検索に利用するキーワードはおそらく以下になるでしょう。

「中国軍　シャベル　WJQ-308」

これを中国のECサイトで検索し、日本のAmazonで売っている商品と同一と判断されるものを仕入れるわけですが、この商品名の中で特徴があり確実に検索にかかる重要なキーワードが、**「型番」**です。

「WJQ-308」という型番で他のキーワードと組み合わせれば、ほぼ確実にこの商品が検索されるはずです。

これとは逆に、類似品が多くて型番のない一般的な商品は、同じような商品が中国ECサイトで数多く検索結果に引っかかってしまうため、Amazonで売られているものと同一なのかどうかを判断するのが非常に困難です。

そこで多くの人は「型番で探す」という手法を用いるわけですが、これが中国輸入で失敗する原因でもあるのです。

●日本人がタオバオ、アリババでのリサーチに失敗する理由　その1

前述のようにAmazonの商品を中国のECサイトで検索してもなかなか該当商品が見つからない場合があります。

その際、商品名に型番があるものは見付けやすいと書きましたが、「見付けやすい」ということは、**「多くの日本のAmazonのセラーが見付けやすい」**ということなので、必然的に出品者が多くなります。そして価格が下がり利益も出なくなります。

その「見付けやすさ」を回避するため、私は日本人ではなく現地の中国人にリサーチと仕入れをお願いしているのです。

●日本人がタオバオ、アリババでのリサーチに失敗する理由　その2

日本のAmazonで売っているノーブランドの商品を、タオバオやアリババで見つける場合、写真だけで同じ商品かどうかを判断する必要があります。

Amazonと中国サイトで表示されている商品の写真が同一であれば、ほぼ間違いないはずですが、撮影する角度が異なったりして、同じ商品かどうか判断が難しい場合があります。

同一商品であることを写真で判断しやすいかどうかが、型番と同じ理由で価格破壊が起こる原因です。日本と中国で売られている商品が同じであると判断しやすいものにセラーが集まるのです。この場合も販売価格が下がっていき、利益が出なくなります。

●日本人がタオバオ、アリババでのリサーチに失敗する理由　その3

Amazonと中国サイトの商品が同一であるように見えても、とても細かいところで**わずかに規格が異なる商品**だと発覚することがあります。

タオバオ、アリババで商品名と写真から日本のAmazonと同じ商品を見つけたとしても、Amazon内の商品説明に書かれている、大きさ、重さ、色、素材、説明書の有無、箱の有無が異なるものがあります。

日本人が翻訳サイトで調べる場合、中国語サイトにあるこれらの説明を見逃したり、翻訳機能の不具合から詳細が判断できず、異なる商品を仕入れてしまう場合があるのです。

そういう商品を販売した場合、購入者から「箱がなかった」「素材が違う」「説明書が中国語しかなかった」などのクレームが来ることがあり、あなたのセラーとしての評価を下げることにもなります。

Amazonへのクレームが多くなるとアカウント停止の可能性があるので、リスクが非常に高いと私は考えています。

これらのリスクを回避するための教訓を一言で表すとこういうことなのです。

「商品リサーチは日本人がやるな。現地の中国人に任せろ」

現地の中国人が日本のAmazonの商品をタオバオ、アリババで確認すれば、仕入れ上のミスを大幅に減らすことが可能です。

私は中国人パートナーに日本のAmazonでの商品リサーチ方法も教えており、パートナーが提出してきたリストの中から本当に売れそうなものを私自身がピックアップすることにしています。

2 購入代行業者を使わずに仕入れる方法

日本人が商品リサーチをする場合、仕入れたい商品が、タオバオ、アリババで見つかっても中国現地に口座がないため購入できないケースがほとんどでしょう。

中国で銀行口座を作るには、中国に出向いて口座の手続きをする必要があります。

また、やっかいなのがショップで購入しても中国から日本への配送を自分で行わなければいけないことです。

トレードチャイナのトップページ

現地中国人による中国商品のリサーチ代行は、日本のランサーズ（http://www.lancers.jp）や@SOHO（http://www.atsoho.com）などのクラウドソーシングで、日本語で募集をかけると見付けることが可能です。

トレードチャイナ（http://trade-china.jp）は、中国人とビジネスをしたい日本人をマッチングしてくれる日本語サイトなので、現地中国人に対してのパートナー探しが簡単にできます。

商品リサーチだけでなく購入代行についてもこのようなクラウドソーシングを利用すれば、中国のタオバオ、アリババで仕入れてくれる方を探すことが可能です。しかし、一般的には中国の代行業者を利用する方が多いようです。

それは、代行業者の方が個人中国人よりも信頼があると思っている方が多いからではないでしょうか。

中国にはたくさんの購入代行業者が存在し、代行業者の手数料やサービス、料率や料金はさまざまです。

購入代行業者はシステム化されていて便利なのですが、私はそのような業者を使わず、信頼のおける複数の個人の中国人にリサーチと仕入れを一括してお願いしています。

私のメソッドがすぐれていると自負している点は以下の通りです。

・リサーチした商品と仕入れた商品が同じかを確認してくれること

リサーチをセラー本人またはリサーチ代行者が行い、それを仕入れる業者が別である場合、購入代行者（仕入れ業者）は指示があった商品をそのままタオバオやアリババで購入するだけで、本人が仕入れたい商品と指定された商品の違いを指摘してくれません。

購入代行者にとって、その商品がAmazonの商品と一致するかどうかは関係ないのです。

私のように商品リサーチャーと購入代行者が同じ現地の中国人だった場合はどうでしょうか。

中国のパートナーは、仕入れた際に商品の状態だけでなく、Amazonの商品と同じかどうかまで見てくれます。

中国人パートナーは日本語がわかるのでAmazonの商品写真だけでなく、商品詳細（サイズ、素材、重さなど）と一致するかといった細かい点での確認を行ってくれます。

また、それでも微妙な商品は、中国のショップに直接中国人パートナーが問い合わせてくれます。

購入代行業者であれば、そこまでやってくれるところはほとんどありません。指定された商品を購入することが、購入代行業者の基本業務だからです。

信頼関係を築くことができた中国のパートナーは、**リサーチから仕入れまで責任を持って行ってくれる**のです。

ここが決定的なアドバンテージだと私は考えています。

例えば、私の中国人パートナーは、機械類であれば箱から出して動作確認までしてくれます。

これは、購入代行業者にはない「お互いに正しい中国製品を売ってWIN-WINになる」という信頼関係があるからです。

繰り返しますが、一般的に購入代行業者に頼んだ場合、商品リサーチの結果と購入品が同じかどうかは業者にとっては関係ないのです。

しかし私の中国のパートナーは、傷などがないか、Amazonの商品と同じか、動作するかまで確認してくれます。

さらに一度仕入れた商品を再び仕入れる「リピート商品」であれば、仕入れからFBA発送まで一括で中国で行ってくれます。

中国人との信頼関係を構築することによる「自動化」の流れ。これが、山田メソッドの肝と言える部分です。

3　最初の仕入れと送金について

私の中国人パートナーは、検品してくれた上で直接FBAへの発送もしてくれますが、前述のように念のため私は、新規販売商品についてはまず**2個だけ**を自宅に送ってもらうようにしています。

私が新規商品を2個だけ取り寄せる際は、国際送料も考慮してリサーチ結果の中から複数の商品を仕入れてもらい、一つの段ボール箱にまとめて自宅に中国から配送してもらうようにしています。

中国人パートナーへの手数料ですが、国際送料を抜いた仕入れ値の5〜10%という料率を中国側の取り分としています。この程度の料率であれば利益は必ず出ると思って間違いないです。

代行業者を利用すると購入手数料のみで10％以上かかる場合がほとんどです。それ以外にも送料が請求されますが、送料に関しては、配送業者と交渉して割り引いてもらったにもかかわらず、正規の送料を顧客に求めてくる業者もあります。


最初の商品を購入する際にかかる費用を中国に送金する作業を、このビジネスを始める際の障壁だと感じる方もいらっしゃると思います。

かつて日本で働いていた経験のある中国の方であれば、日本の銀行口座を持っている可能性が高いです。

また、PayPalでの支払いが可能な中国の方もいます。ただ、中国人がPayPalで入金されたお金を引き出す場合、中国側では45ドル程度の手数料がかかるので、お互いのメリットを考えれば送金手数料が少ない手段を選ぶ方が無難でしょう。

これを踏まえて私としては、SBIレミット（https://www.remit.co.jp）をお勧めしています。

私が考える「SBIレミット」のメリットは以下の通りです。

SBI レミットのトップページ

・受け取る相手を指定できるので安全

・海外送金手数料が一般的に銀行より低い

・10分程度で送金が完了する

・中国語もサポートされている

・電話でのサポートがあり安心

・中国元で直接送金ができる

・取引ごとに発行される取引番号を教えないと中国側で引き出せない

多くの中国のパートナー自身からSBーレミットを指定してきます。

登録は無料なので、Amazon 中国輸入を始めようと思っている初心者は、まずはSBーレミットの登録準備から始めてはいかがでしょうか。

4 手数料の取り決めについて

知り合ったばかりの中国人パートナーとビジネスを始める場合、手数料について細かい設定をする必要があります。

リサーチ費用、購入代行、配送の作業は、パートナーへの手数料として仕入れ値に加算されるのは当然ですが、それ以外の送料なども計算しなければいけません。

参考までに私の場合を書くとこのような感じです。

・**商品代金＋中国国内送料＋国際送料＋日本の国内送料＋中国人パートナーの手数料＝仕入れ値**

※これ以外に関税がかかります。

パートナーへ渡す金額は、**商品の代金とその5～10％の手数料、及び中国国内送料**です。

国際送料については概算でパートナーに費用として乗せてもらう場合もあります。一度の配送で20キロ以下だと割高になります。全体で100キロ以上、4箱から5箱の商品をFBAに直送すると、1キロあたり20元（約400円）程度まで下げることができます。

また、中国国内の国際輸送業者の値下げについてパートナーに交渉してもらうことが可能です。なお地域により、利用可能な運送会社は異なります。DHLが代表的ですが、ほかにフェデックス、OCS、佐川などがあります。

5 試験販売をする

中国人パートナーが入金を確認すると購入代行の作業が始まります。

配送する箱が複数あると輸送費が高くつくため、一つの箱にまとめて梱包して送ってもらうようにしてください。

注意事項としては、**中国の段ボールは薄くて、配送時の扱いも乱暴**なので、一番厚手の段ボールに入れるように指示してください。

2章で記したように、最初に2個だけを日本のAmazonで販売するのは、その2個が完売する日数を見るためでもあります。

大量に購入して万が一売れなかった時のリスクをなくすためです。

完売日数を日割りで計算し、**「2週間で何個売れたことになるか」**を算出します。

それは、リピート商品として次に何個仕入れるかを推測するためです。

例えば、取り寄せた2個が4日で完売した場合は、

14日÷4日×2個

で、2週間で「7個」売れる計算になります。

私としては、**2～3週間で完売する個数を仕入れることを推奨しています。**

例えばまとまった数量を一度に購入し、長期的に売り切ることを目標に仕入れを行う場合、その間に出品者が増えたり、流行らなくなったり、需要の限界などが起こる可能性が高いため、私は半月程度でいくつ売れるかを測定しているのです。

試験販売で値崩れが早かったり、2週間以内に1個も売れなかったりする場合はリピートしません。

ここで「2週間で2個売るのって大変じゃないの？」と疑問に感じる方もいらっしゃると思いますが、中国人パートナーを育成できていれば、ほぼ確実に売れる商品のリサーチ結果が届きます。

ただし、最初は出品者が増えてしまったり、人気のピークを逃してしまったりする

ことがあるかもしれません。それでもパートナーとのやりとりを続けていれば徐々に「売れるリサーチ結果」が届くようになります。

必要なことは、中国個人輸入のノウハウではなく、コミュニケーションのテクニックだと思っています。

6 リピート商品で売上が自動的に増えていく

同じ商品が2週間以内に2個売れたとします。

そして、さきほど紹介した計算式で、2週間で売れる個数を算出します。

その数を再び仕入れます。

こうして繰り返し販売されるものを「リピート商品」と呼びます。

リピート商品ができれば、もう自分の家に届ける必要はありません。現地の中国人パートナーにより発注した個数をＦＢＡに直送してもらいます。

私は、中国人パートナーにとても簡単な指示をするだけです。
これが私の言う「自動化」ですが、その流れはこのようになっています。

●リピート販売商品の流れ

すでにAmazonで既存の商品に相乗り出品されたものなので、新たに登録する必要はありません。信頼関係を結べたパートナーであれば、一部の権限を与えたサブアカウントで私の管理画面に入って直接作業をしていただけるので、私がすることがほとんどなくなってしまいます。

リピート商品が販売される流れは以下になります。

1　中国人パートナーに商品URL、SKU、個数を発注する

2　送金して中国で仕入れてもらう（価格交渉も依頼する）

3　中国人パートナーが出品者用 Amazon アカウントにログインして商品を追加し、納品プランを作成する

4　中国国内から日本のFBAへ直送してもらう

5　購入者がいれば Amazon が梱包と発送を行う

6　購入価格から Amazon 手数料を引かれ振り込まれる

いかがでしょうか？ここで私が自分で手間を掛けるのは1と2だけです。あとはほぼ中国人パートナーと Amazon におまかせで作業が進んでいきます。

パートナーがこの作業に慣れていくと、どんどんスムーズに流れるようになります。つまり、売上が伸びていきます。**リピート商品をスムーズに売る**ということが、私の言う「自動化」の強みなのです。

仕入れの際の大事なポイントですが、中国のノーブランド商品の場合、商品リサーチは「その時売れる商品の選出」も良いですが、**「長期的に売れる商品の選出」**を重視してください。

中国のノーブランド商品には、流行り廃りがない日用品が多いので、手軽に購入できる価格のものが主流です。

また、十年使えるものというよりは、「壊れたら捨てられる価格帯のもの」が売れます。

それを考慮してリピート商品になりうる商品の仕入れを行ってください。

●リピート商品の管理

2週間で売れることを想定した計算式を紹介しましたが、しばしば仕入数を調整する必要があります。

以下の3点に気を遣い仕入れ数を増やしたり、減らしたりしてください。

1　出品者数は増えていないか

2　カート価格は下落していないか

3　ランキングは下がっていないか

売れ続けている商品であれば、**「バリエーションを増やせばリピート増」**という原則も覚えておいてください。

売れている商品にバリエーションがあるかどうかは必ず調べましょう。もしあれば売上のさらなるアップが可能です。

例えば、「アパレル、黒のスカート、Lサイズ」が売れていれば、違うサイズ、または違う色を2着仕入れてみてください。最初の仕入れ商品と同じように売れる確率が高いです。

私のメソッドで大事なことは、**商品に愛着を持たない**ことです。

あなたのセンスよりも売れる商品に重きを置いてください。商品リサーチを自分でしないのは、そのためでもあります。

7 週4時間で月商50万円を実践しよう！

リピート販売できる商品が増えていき、それを繰り返していけば月100万円の売上も難しい話ではありません。

この本のタイトルにあるように週4時間で月50万円以上を稼ぐとしたらこのようなイメージです。

ちなみに、ここで言う50万円とは利益ではなく売上を示します。副業なので、1日平均数十分パソコンに向かうだけで済むことを想定しています。

調査を中国人パートナーが行い、リピート商品については中国からFBAに直送してもらいます。

休日にまとめて半日を使って作業する方法もありますが、売上動向やサポートメールの確認は、1日1回は行うべきです。Amazonではお客様への問い合わせには24時間以内に返信しなければいけない規約があるからです。

平日に1日平均20分程度。パソコンの前に座り、休日にリサーチ結果の査定や中国人パートナーの採用、自宅へ届いた荷物の検品発送を2時間程度行えば十分でしょう。これで週4時間ほどの作業です。

もちろん初心者はAmazonの仕組み自体を覚える必要があるので、最初のひと月はこれ以上の時間がかかることを覚悟してください。

さて、シミュレーションしてみます。

私の経験から言えば、初心者でも毎週届く多数のリサーチ結果から5割は出品可能でしょう。毎週10点の商品リサーチを受け取るとすると、そのうち5点を仕入れることになります。

初月には、中国人パートナーとのやりとりなど準備期間が必要ですので、最後の2週間で10点ずつリサーチを受け取り、合計10点（20点の5割）出品するものとします。

2ヶ月目以降は、45点（4.5週分）のリサーチ結果から5割（約23点）を出品できるでしょう。

私の場合、出品した商品の8割以上がリピート商品になりますが、ここでは6割がリピート商品になるものとします。そうすると1ヶ月目に6点、2ヶ月目に約14点のリピート商品が生まれます。

2〜3週間（約半月）で売れるリピート商品の平均個数が約4個程度なので、月に8個程度売れることが予想されます。

私が扱う中国製品の販売価格の相場は、日本のAmazonで平均すると2600円程度です。これに販売数をかければ売上が出ます。

2ヶ月経験してリサーチの質が上がるでしょうし、リサーチャーを増やすなどして出品点数を増やすことも可能ですが、ここでは条件はそのままとします。

この見積もりでも、3ヶ月目で月商50万円超になります。

●初月に仕入れたリピート商品の3ヶ月目の売上

・1ヶ月目に出品した10点のうち6割（6点）がリピート商品になる。
・3ヶ月目に、6点のリピート商品がそれぞれ8個ずつ売れる。
6点×8個×平均単価2600円＝124800円

●2ヶ月目に仕入れたリピート商品の3ヶ月目の売上
・2ヶ月目に23点出品し、そのうち14点がリピート商品になる。
・3ヶ月目に、14点のリピート商品がそれぞれ8個ずつ売れる。
14点×8個×平均単価2600円＝291200円

●3ヶ月目に仕入れた商品の当月の売上
・前月と同様23点出品し、2個ずつ試験販売する。
（ここでは全てその月に売れるものとします。その代わり3ヶ月目に仕入れた商品で同月内にリピート販売した分の売上は含めません）

23点×2個×平均単価2600円＝119600円

合計535600円

仕入れ値、送料、関税などすべて含めたコストを差し引いた粗利は、私の場合は約3割です。しかし最初は荷物が少なく国際送料が割高になることと、初心者であることも踏まえて25％が粗利だと考えると、中国輸入を始めて3ヶ月目で月に133900円を週4時間で得ることになります。

月商50万円が3ヶ月では無理でも、4ヶ月目から半年以内には十分達成可能だと思います。悪くない副業だと思いませんか？

4章

中国人との
WIN-WINの関係

1 良いビジネスには、良いパートナーシップがある

一見簡単に見える私の中国輸入ビジネスですが、これが可能になっているのも中国人パートナーのお陰です。

私の中国個人輸入の特徴は「リサーチから仕入れまでの自動化」ですが、言い換えると、**「現地中国人パートナーへのリサーチから仕入れまでの一括発注」**ということになります。

ここで勘違いされては困るのが、決して「中国人を使ったビジネス」ではないということです。

中国人を「使う」「利用する」のではありません。発注する側が立場的に上であるということは決してありません。それは中国が相手だからというわけではなく、ビジネスの基本姿勢であると考えています。

日本でできないことを、現地中国人の協力を得ることで可能にし、長期

的なパートナーシップを築くということが、私の実践する中国輸入です。

日本に憧れている中国人は、日本人が思っている以上に大勢います。日本人とビジネスができること自体を喜んでくれる中国の方も少なくありません。

ビジネスだけで捉えると、取引先は使えなければ変えればいいという考えもあるでしょう。しかし私は、最初から長期的にビジネスパートナーになれる方を探しています。長期のパートナーになれれば効率も上がり、信頼も増すからです。

私が最初に相手に求めることは、条件的にはまったく厳しいものではありません。基本的にこの3点ですから。

- **中国在住の方**
- **日本語で問題なくやりとりができる方**
- **インターネットの環境が整っている方**

これを前提に@SOHO、クラウドワークス、トレードチャイナなどのクラウドソーシングや中国人向け掲示板でパートナーを探すことから始めます。

「自動化」を実現するにはパートナーシップがあってのことで、人材探しはとても重要です。ここは、手間や時間がかかりますが、情熱をかけるべきところだと思っています。

2 私の中国輸入との出会い

私は、最初から中国の個人輸入に注目していたわけではありません。最初は欧米からの輸入と輸出を中心に行っていました。

その当時から商品リサーチと仕入れの代行を、ビジネスマッチングサイトを通してお願いしていたのですが、募集をかけた際に中国の方から応募が来ることがしばしばありました。

当時の私は、中国の方とやりとりするのはリスクが高いと思っていたのですべてお断りしていました。

しかし結構な数の中国の方から連絡が来るので、試しにスカイプを使い日本語で話してみたところ、呂さんという方と出会いました。

呂さんは日本での就業経験がある中国在住の方で、驚くほど流暢な日本語で不自由なく会話ができました。

ちょうどその時に中国のノーブランド商品のリサーチができるというビジネスの話を持ってきた日本の方がいたので、その人のリサーチ結果を元に呂さんに中国のノーブランド商品を仕入れてもらうことをひらめきました。

やり始めてから中国のノーブランド商品が売れることと、利益率が高いことを実感しました。

中国輸入ビジネスの話を持ってきた日本人リサーチャーは、毎週のように商品リストを送ってくるので、仕入れを呂さんに代行してもらい、商品を仕入れてはAmazonで販売していたのですが、ある日おかしなことに気付きました。

その日本人リサーチャーが提出する商品の値崩れが早いのです。

出品者もどんどん増えていきます。

リサーチャーにそのことを問い合わせたところ、連絡が取れなくなってしまいました。

これは1章で失敗談として書きましたが、おそらくその方は同じリサーチ情報を多くのセラーに売っていたのでしょう。

そこでその方を諦めて、呂さん自身に商品リサーチと仕入れを一括で行ってもらうようにお願いしてみました。

呂さんも日本との輸出ビジネスの会社を立ち上げたばかりの時で、私も中国輸入を本格的に始めようと思っていた時でした。これを機に呂さんを軸に私の中国輸入をサポートしてくれるチームが現地中国に誕生しました。

私が中国輸入に慣れていなかったこともあり、最初に呂さんに商品リサーチで依頼した条件は以下の3つだけでした。

・日本のAmazonとの価格差が1000円以上

・Amazonランキング2万位以内

・一商品の重さは1キロ以内

ただし、Amazonランキング2万位で絞るとリサーチで出てくる商品数が減ってしまったので、その後3万位に変更しました。

また、現在では価格差に加えて中国での購入価格だけの単純利益率を50%以上に指定しています。

この利益率50%とは、単純に「タオバオ」などで売られている商品価格と日本のAmazonの最安値に対しての比率です。送料や関税などは含んでいません。

呂さんとビジネスをやりながら、少しずつ条件を加えていき、次第に商品リサーチのリストに記載項目が増えていきました。そして、2章でお見せしたような現在の商品リサーチシートができ上がったのです。

すべてを呂さんに任せることで、これまでわからなかったことに気付かされるようになりました。

前述したように商品リサーチと購入代行が同じ担当者であるため、仕入れる前に「工場が違う」「サイズが違う」などを指摘してくれることです。

また、Amazonの商品と違う場合は返品までしてくれました。

購入代行業者を利用した場合、どんな欠陥品でも、指定したものが日本まで届いてしまいます。中国人とパートナーシップを結んだことで、リサーチと代行に関する責任を現地の中国の方に持ってもらえたのでした。

それだけではありません。精度だけでなくスピードも上がりました。それ以来私の中国輸入ビジネスも本格的に回り始め、呂さんもビジネスを組織化して私と一緒に売上を伸ばしていったのです。

3　日本語だけの中国人パートナー募集サイト

私は、現地中国のビジネスパートナーとして今でも有能な方を日々インターネットで探しています。

できるだけパートナーを増やすことで、いろいろなカテゴリーの商品リサーチが上がってきたり、数多くのリピート商品をさばいたりすることができます。

また、パートナーと突然連絡が取れなくなることもあるので、リスクヘッジのためにも中国人パートナーは最低2名以上必要です。

私がパートナー探しで主に利用しているサイトは、@SOHO、トレードチャイナ、クラウドワークス、そして中国人向けの掲示板サイトです。メジャーなところでいえば、トレードチャイナ以外にもALA! 中国というサイトもあります。

ちなみに日本の大手マッチングサイトのランサーズは、固定金額の落札制なので歩合の仕事が規約上できません。仕入れに料率を乗せることができない（固定収入の提示が必要）ことと、規約上スカイプーDなどの記載ができない（個別の取引を禁止している）ことが、私のビジネスにのみ関していえばマッチしていない点です。

さて、これらのビジネスマッチングサイトで中国人パートナーを募集する時の文面ですが、実際に募集をかけている人の文章を参考にすると良いでしょう。しかし、他人の文章は参考程度にしてください。実際に掲載する文章はオリジナルでなければいけません。

なぜなら他人の募集要項をそのままコピペすると差別化が難しくなり、人を集めるのが困難になります。文面をコピペすると他のクライアントに間違われることもあるでしょう。

特に中国輸入に特化しているトレードチャイナは、同業者の募集が集中する傾向があるので、自分なりの募集文を作成してください。

それでは、ここに一般的なビジネスマッチングが可能なサイトの一覧をまとめておきましょう。

しかし、左記以外のマッチングサイトを見付けることもライバルとの差別化になると思います。

●＠SOHO

フリーランス向けのビジネスマッチングサイト

http://www.atsoho.com

●クラウドワークス

IT系に特化した大手マッチングサイト

http://crowdworks.jp

●トレードチャイナ

中国仕入れに関する日本の業者や現地中国人を日本語で探しやすい

http://trade-china.jp

●ランサーズ

ホームページ制作、アプリ開発、ライティングなどクリエイター系が特徴

http://www.lancers.jp

●ALA! 中国

ブログ、コミュニティなどが充実した日本語でできる中国関連のSNS

http://china.alaworld.com

●シュフティ

登録者が主婦中心で在宅ワーカーが多い

http://www.shufti.jp

●Job-Hub

システム利用料は発注者が負担するパソナグループ運営サイト

http://jobhub.jp

● Careerjet.jp

全世界の複数のサイトから求人情報を掲載している

http://www.careerjet.jp

● アブログ

海外に住む日本人のための掲示板

http://bbs.ablogg.jp

● 中国情報オンライン

中国関連サイトを集約した中国専門ポータルサイト

http://www.china-nav.com

中国人パートナーを募集する際に単価を上げればもちろん応募は集まりますが、利益を出しづらくなります。

それよりも単価は平均的にして多くのマッチングサイトで募集をかけるようにして

ください。
そうすることで今後のビジネスでWIN-WINの関係になれる相手に出会える可能性が高まります。

商品リサーチについては、条件を厳しくしてしまうとリサーチ結果も少なく、パートナーのモチベーションも下がってしまいます。
多くのリサーチ商品が出てくるのを前提にハードルを下げた上で、出て来たリサーチ結果に関して自分で吟味することをお勧めします。

また、パートナーになれそうな方が見つかった場合は、以下の作業を将来的に依頼することを伝えてください。

・中国での仕入れ代行

・検品…Amazonの商品と同じか、傷がないか、ブランド品でない

か等のチェック。

・国際発送…送料は1キロ25元（約500円）以下を目標にお願いしましょう。

・インボイスの記入…商品の名称、単価、数量、原産国、合計金額などを記載してもらいます。

・FBAへの直送

・価格交渉…リピート仕入れで10個以上購入の場合はお願いしましょう。

「最初は5％の代行手数料でお願いしたいですが、大丈夫ですか？仕事を確認させていただいて手数料は7％に上げます。FBA直送についてはさらに1～2％上乗せします」などと伝え、パートナーシップが結べれば料率を上げることでお試し期間にモチベーションが上がる言葉を掛けてください。

4　経験は問わない募集

中国人パートナーの募集をかけているセラーの中には、採用基準を細かく指定される方も多くいます。

例えば、「日本語ができる」のは当然ですが、

「日本の銀行口座、Paypalのアカウントをお持ちの方」

「日本の企業で働いたことがある方」

「（中国から）佐川での発送ができる方」

「他にパートナーがいない方」

「貿易事務に携わったことがある方」

などなど、さまざまな条件を提示する方がいます。

この場合、優秀な方が応募してくる可能性はありますが、応募数は極端に減ります。

応募が来たとしてもこれらの条件をクリアした方々は、一般的な現地中国人よりは報酬が高いはずです。

私の場合、中国個人輸入を始めた時は、こんな短い文章でした。


「Amazonで販売する商品についてタオバオやアリババでリサーチと仕入れをしていただける方を探しています。経験はなくても大丈夫です。」


こう書くだけで現地中国人向けのメッセージだということがわかります。

まず、日本語で書かれているので**日本語が読める中国人しか返信をしてきません。**

さらに日本とビジネスができるということは、日本と中国で送金をやりとりするシステムを持っている方です。

しかもタオバオ、アリババを指定しているので、中国ECサイトで商品を探せる方に限定されます。

上記の条件を踏まえると、現地の中国人である可能性が非常に高いのです。

中国輸入を始めた当時は、商品リサーチをされる方はすぐ見付かっていたので、このような短い文章でパートナーを探していました。

私が募集条件で「経験を必要としない」としたのは、教育して覚えてくれる方であれば問題ないからです。そこには労力を費やす覚悟でした。

パートナーを増やすには多くの方と出会うことが大事であり、**最初から条件を絞ると勉強熱心なパートナーを逃す**ことにもなると思っています。

しかし、教育には時間もかかるのが現実ですので、最近ではこのような募集タイトルと条件設定にしています。

タイトル

Amazon.co.jp で売れる商品を中国で仕入代行、
商品リサーチをお願いできる方

本　文

中国のタオバオやアリババで商品の仕入れ代行、
商品リサーチをお願いできる方を探しています。
商品リサーチだけでも構いません。
現在、日本のAmazonで中国商品を販売しております。
売上拡大の為、お手伝いして頂ける方を探しています。
リサーチだけの方は、日本在住でも中国在住でもかまいません。
一度、お話しして決定したいと考えております。

これでも割とゆるく募集しているつもりです。

ただし皆様がこれと同じ文章で募集してしまうと差別化ができなくなってしまうので、それぞれオリジナルの文章を作成することをお勧めします。

最後の一文の「一度、お話しして決定したいと考えております」という言葉は、私が大切にしているところです。

もし会話を拒否する方であれば、今後のビジネス上のコミュニケーションに不安が残ります。

そのため私はまずは「話す」ことからパートナー交渉を始めています。

募集をかけると日本に一時的に在住していた中国の方から連絡が来る場合もあります。それはラッキーなことです。

日本在住経験のある中国人が中国輸入で重宝される理由は以下です。

・日本の銀行に口座を持っている可能性大

・会話も不自由ない

・日本文化を体感している

これらのメリットがあり、ビジネスがスムーズに進みやすいものです。

特に日本の銀行に口座を持っていると送金も日本の銀行でできるため、お金のやりとりで信頼を得やすい関係になれます。

ただし、その反面で日本の物価を知っているため、中国の物価ではなく日本の物価寄りでの報酬額を期待してしまう傾向もあるかと思います。

また、自分自身を中国輸入ビジネスで価値のある存在だと考えている方の場合は、報酬額が高くなりがちです。

その反対に、日本に来たことはないけれど日本語が堪能な方は、日本人と仕事をすることを誇りに思っている方も多く、中国の物価として十分な報酬であれば満足していただけます。

私の場合は、ビジネスの経験はなくてもそのような方と一歩一歩パートナーシップを築いてきました。

5　中国人と信頼関係を築く会話

日本語のマッチングサイトに登録できるということは、インターネットの環境があるということなので、スカイプにも登録している方がほとんどです。

私は、応募があった場合、まずスカイプで話してみて採用するかどうか判断します。**必ず肉声で対話してください**。日時を約束して可能であれば動画で面談してください。

私の経験上、この段階で半分くらいは連絡が取れなくなります。実際には日本語を話せない方からの連絡が来なくなるからです。

一度でも肉声で会話をすると、パートナーになるかもしれない方の存在を感じることができます。テキストだけのやりとりだと、相手の性別すら忘れてしまうような、ぼんやりしたパートナーシップになってしまうのです。

通常ネットだけのやり取りであれば、双方の中で相手の存在感が希薄になってしまいます。声を聞く、顔を見るということを一度するだけでも「人対人」の関係性が生まれます。


スカイプで話す時は、新卒採用の面接官の気持ちでパートナーになり得るかどうか最初の判断をしましょう。

まず最低限、日本語での会話のやりとりが問題ないことが条件です。

また、中国国内は通信事情の悪い場所が多いので、会話が途切れやすい環境にいる方はお断りします。

スカイプで話した後にチャットやメールでやりとりしますが、返事が24時間以上かかれば私の場合は不合格です。


このわずかな条件を通過した方と日常会話をしながら、少しずつビジネスの詳細を詰めていきます。

ちなみに中国との時差は1時間です。

例えば日本の朝10時の場合は、中国では9時。もし中国人パートナーに本業があり、副業でリサーチなどされている際は、パートナーの就業時間を気にかけてください。

また、中国人パートナーが土日休みの場合、日本人と同じように仕事は完全オフで、あなたの依頼に応じない場合があります。

日本時間で何時にスカイプで話していいか、いつがオフの時間帯かを最初に聞いてください。

まずは相手の環境を配慮しながら、会話とメールにより少しずつ信頼を得ることから始めましょう。

私の最初の中国人パートナーになった呂さんは、よく「WIN-WIN」という言葉を使っていました。それに近い言葉ですが、私との関係を表す際に「提携関係」という言葉もよく使います。双方にメリットがあるだけでなく、パートナーとしての絆を大事にしているのだと思っています。

中国人のパートナーとはビジネスだけでなく、日々のコミュニケーションが大事です。

それは、日本人同士がビジネスでコミュニケーションを取る以上に重要かもしれません。

それは、**文化が違う**からです。

日本は第二次世界大戦で中国を大きく傷付けた歴史があり、それが今もなお中国が遠い国に見える大きな理由です。

そんなハードルもある中で中国人パートナー候補が見付かったら、まずは友好な関係を築くことから始めましょう。

中国の方から最初に応募してきた際は、私はスカイプでこのような会話をしています。

まず挨拶です。日本語で「はじめまして」とお互いの名前を名乗ります。

そして、応募してくれたことに感謝の言葉を伝えます。

その後に会話する内容は、些細な日常会話です。

「日本語がとても上手ですね」

「日本に来たことはありますか？」

「日本のどこが好きですか？」

「中国のどこに住んでいますか？」

「そこはどんなところですか？」


ある程度会話が続いたらビジネスの話に入ります。

商品リサーチと購入代行などを依頼したいことを伝えます。

「経験はありますか？」と、まずはどの程度貿易について知識があるかを聞いてください。

私の経験上、応募してくるのは半数以上がリサーチや購入代行を行ったことがある中国の方です。

中国輸入が初めての読者は、経験のある方と組むことをお勧めします。経験がないパートナー候補と出会った場合は、学んでいただく気持ちがあるかを聞いてください。もちろんあなたにも一緒に学ぶ覚悟が必要です。

パートナーは、あなたと共に少しずつ成長して利益を分かち合う関係であることを伝えてください。

私のビジネスは中国と日本という国の問題は関係ありません。「チーム」としてお互いがWIN-WINになることを目標としています。

いい仕事をした時にはお互いに褒めたたえ、業者ではなく「仲間」として接します。お世話になっているのは日本人の方で、中国の方が我々のために日本語を覚えてくれてビジネスをしてくれるだけでも感謝するべきことだと思います。

6　中国人パートナーの育成方法

「経験がなくても大丈夫」ということで募集していると、本当にこのビジネスが初めての中国の方から応募が来ることがあります。

正直、メールやスカイプでAmazonの登録から教えるのは限界があります。基本的なことは、インターネットを使って自分で調べてもらうようにしています。

そこでは委託費は発生しないため、私の要望が多くて、離脱して連絡が取れなくなる方も多いです。

しかし、そこで学んでくれた方が、今も私と続いている重要なパートナーであったりします。

そういう方と出会えたら、私はひたすら感謝します。

「ありがとう」という言葉は何度も使います。

「ありがとう」は中国人にとっても信頼を与える言葉です。

中国人パートナー候補がある程度Amazonでの転売知識があれば、2章で紹介した、私が使っている商品リサーチのエクセル表を例として見せます。

しかし、あまりに調べる項目が多いので、ここでも逆に中国の方からお断りされることがあります。

慣れていない方の場合は、2章で説明したように商品リサーチをする際に同類の商品を販売しているライバルのセラーを調べてくださいとお願いしています。

その中でFBAによる出品者であり、中国のノーブランド商品ばかりを取り扱っているセラーがいれば中国輸入で稼いでいる人と見て間違いないでしょう。

参考になるライバルセラーは、「ユーザーからの評価が100件以上付いている人」です。

そのセラーの出品物を見ると儲かる商品も見付かるでしょうし、初心者であれば勉強にもなると思います。

もしライバルセラーと同じ商品を販売する場合は、出品者が少なくてランキングが上位のものに注目してください。

その人が扱っている商品をモノレートで調査して売れ筋であれば、同じものを仕入れても良いです。初心者であれば、まずはこのように有望セラーと同類のものを仕入れることから始めて、慣れてくればあえて差別化していきましょう。

私自身は出品者増による値崩れが起こる可能性が高いため、この方法を行っていませんが、やり方だけは中国人パートナーに教えています。

それは、**「日本で売れる中国商品は何か」**を感じ取ってもらうためです。ノーブランド商品を売っているセラーを見れば、その人が数多く扱う商品ジャンルがあることに気付くでしょう。

それは、コスプレの衣装だったり、iPhone関連の商品だったり、各種部品だったりすることに気付くはずです。それ以外にも各々が日本で売れる中国製品を発見する場合もあるでしょう。

中国人パートナーに、日本で売れる商品の雰囲気を知ってもらうことが大切です。

中国と日本の言葉の壁はクリアできます。しかし、**文化の壁はなかなかクリアできません。**

もし日本人であれば、過去の経験から日本での流行、日本人の習慣など複数の要素を潜在的に判断して、売れる商品と売れない商品を選べると思います。しかし、それは中国の方に説明できないセンス的なものであり、感じ取ってもらうしかありません。

中国のパートナーにとっては同じように見える商品も、色や柄、フォルムなどから、日本人の目にはクオリティが低く見える場合も多々あるはずです。それらの違いを判断する目は、ビジネスを通じて経験することで養われるものだと思います。

7 パートナーへの成果と報酬

中国人パートナーが商品リサーチのノウハウを身につけた後は、実際にリサーチ一覧を出してもらい、その中から仕入れる商品を自分で指定して発注します。

リサーチについては、**毎週40～50個**あれば売上を急速に上げることができます。現実的には1人のパートナーだけでは、リサーチ結果は週に10～20個程度が限界です。最初は週10個程度の商品リサーチから始めましょう。

そして慣れてきたら、仕入れができるパートナーが最低1人いれば、あとはリサーチだけを行う複数のパートナーを探すことをお勧めします。

リサーチだけのパートナーであれば、日本在住の中国人でも可能なのでそれなりのリサーチャーを見つけることが可能です。

中国のパートナーへのリサーチのみの場合の手数料の目安ですが、私の場合はこんな感じです。

- **リサーチの結果から採用された商品に対して最初の1回のみ5元〜10元（約100〜200円）のリサーチ報酬**

私の場合、長い付き合いもあってノウハウも分かっているので中国からリサーチが届いたら、約8割程度の商品をAmazonに仕入れています。

リサーチャーが初心者なら、慎重に3分の1程度の採用でも十分ではないでしょうか。

最初に2点ずつ複数の商品を自宅に配送してもらいますが、新規商品の一週間の仕入れコストは、私の場合でも3～5万円程度です。これは送料などすべてを含めた金額です。

慣れてくると仕入れた商品のリピート率は、7～8割程度になります。リピートするということは、2週間で必ず売り切れるということですので、次々と売れていきます。その分中国人パートナーにも料率分の報酬が支払われることになり、WIN-WINの関係になれます。

8　中国人とのコミュニケーション術

中国人とのコミュニケーションで**出してはいけない話題は政治**だと思います。そこはお互い理解しているのか、中国人パートナーからそのような話を振られたことがありません。

「日本ではもう夏のように暑いです。そちらはどうですか?」や「今日本では運動会のシーズンです。中国では小学校に運動会はありますか？」など些細な日常の話でコミュニケーションを取っていますが、逆に中国の日常を知ることも楽しいものです。

日本語ができる中国の方の多くは、日本の10代の若者よりも丁寧な日本語を使います。ビジネスのために学んだからでしょう。基本的に敬語を教わっています。逆に今の日本の10代が敬語を知らな過ぎるのもどうかと思うのですが（笑）。

中国にも英検のような日本語検定があり、1級の方であれば不自由なく会話できるレベルです。しかし、そういう資格を持っていなくても、独学の日本語で流暢に喋れる方も数多くいます。

これらの方々は海外でビジネスを試みようとしている中国人ですから、基本的に勤勉で真面目だと思ってください。

勤勉な中国人でも日本人とは商売に関する感覚が大きく違っていることがあります。

「これぐらいＯＫでしょう」という中国人の感覚は、日本のAmazonではＮＧであることが多々あります。

例えば私の場合ですが、Amazonで売られているものと同じ商品ではあるのだけれど、色が違うものが送られてきたことがありました。

色が違えばAmazonのカートの商品と異なるため、相乗り出品ができません。Amazonでは色の違う商品には、別のＡＳＩＮコードが必要なのです。

「なぜ色の違う商品を送ったのですか？」と聞くと、中国人パートナーから「同じ色の商品がなかったから」という回答が返ってきました。認識の違いですね。

それ以来、同じ色であることも検品時に確認させ、同じ色でない場合は報告することを指示しました。

また、偽物のブランド品はＮＧというのは分かっていても、そもそもブランド名を中国人パートナーが知らないというケースが多々あります。

シャネル、グッチ、ルイ・ヴィトンなどの私でも知っている超有名ブランド品は知っていますが、日本の若い女性に人気のブランドなどは知らない方が多いです。サマンサタバサ、クロエ、セシルマクビー、ビス…これらのブランドはあえて偽物を販売しようとしている業者以外では知らない方が多いのではないでしょうか。

中国の物価から言っても一般の中国人は、日本のOLのように気軽にブランド品には手を出せないので、注目すらしていないはずです。

私自身がブランド品に弱いのもあり、日本で人気の商品として仕入れたものが、実は偽物のブランド品で、税関で没収されたことが何度もありました。

写真や商品名にブランド名が表示されていれば気付くのですが、ネット上の写真だけではブランド品かどうか分からない場合がしばしばあります。

ノーブランドのブルートゥースのヘッドフォンを20個仕入れたら、そこに「NOKIA」のロゴが入っていたことがありました。それが本物であればいいのですが、やはり偽物だったのです。もちろん税関で没収されました。

また、iPhoneの保護カバーを仕入れたところ、中国人も良かれと思ったのかシャネルのケースに入れて送ってきたことがありました。

中身の商品は問題ないのにケースがシャネルの偽物であったため、こちらも没収されました。

また、中国人パートナーが私に気遣ったのか、インボイス（数量、品目、金額で関税が変わる）で約１０００円のものを10円の価格で設定して日本に輸出しようとしたところ、税関で差し止められたこともありました。

このような失敗を何度かして、お互いにビジネスを進めながら、私もパートナーも中国輸入について学んでいきました。

5章

山田メソッドまとめ
～他のノウハウとの差別化～

1　山田メソッドの特徴

私の中国個人輸入の特徴は、日本語でできる海外輸入であることと、現地中国人による自動化です。

山田メソッドは主に以下のことを可能にしました。

- **市場リサーチ、仕入れ、交渉、中国国内での返品の自動化。そして売れる商品の見極め。**
- **輸入の難しい商品を取り扱うことが可能に。**
- **関税の節約。**
- **時間の短縮、コスト削減。**

・FBA直送によるビジネスの自動化。

それでは、これらを可能にした山田メソッドのメリットや方法について、改めてまとめましょう。

2　仕入れのメリット

●中国人が商品リサーチをすることによる競争の回避

多くの日本人セラーは、中国語をまったく使うことができません。

それなのにAmazonで売れている商品を、中国のタオバオやアリババで検索します。日本の商品名の一部を翻訳機能で中国語に変換して、同じ画像の商品を探しています。

結果、探しやすい商品しか見つけられず、多くの場合、**同じ商品にセラーが集中するので、日本のAmazonで出品者が増えて価格競争が起こり、結果として利益を得ることが困難になります。**

このやり方では過当競争が起きて、うまくいかずに退場者が続出するというのが現状です。

日本人が見つけそうな商品を避けるため、中国人パートナーに商品リサーチを行ってもらうのが、山田メソッドの重要なポイントです。

●中国人による間違いのない仕入れ

中国個人輸入ビジネスでは、自分でリサーチした商品の仕入れを中国の購入代行業者にお願いするのが一般的ですが、その場合はセラーが指定したＵＲＬの商品を、購入代行業者が購入するだけです。

リサーチ段階でリサーチ商品が間違っていた場合、ミスを防ぐことができません。

私は中国人パートナーと**WIN-WINな関係構築**を目指しています。

私がセールスを上げて利益を出すことができれば、中国人パートナーも取引量が増大し、結果的にお互い利益が増えるということを伝えています。

リサーチも中国人パートナーに原則すべてお任せしており、日本のAmazonで売れている物で、中国で安く仕入れられる品を探してもらいます。

その要点さえ中国人パートナーに理解してもらえれば、リサーチ段階での間違いは非常に少なくなります。実際に買い付けする際も、中国人パートナー自身がリサーチした商品であることもあり、日本のAmazonの商品と異なる場合はパートナーによるチェック機能が働きます。それによって仕入れ商品の誤りの多くを事前に発見することが可能なのです。

●中国人をパートナーとして扱うことでの価格交渉

私の中国人パートナーは価格交渉も対応してくれますし、購入ロットの交渉も可能です。

中国国内での検品、返品、交換に対応してくれるのはもちろん、日本のAmazonへの直送も実現してくれるのです。

パートナーと信頼関係を築くことのメリットをまとめると、こんな感じです。

・リサーチの精度が高い
・価格やロットの交渉をしてくれる
・その交渉による価格競争力が高い
・毎週リサーチしてもらうので、為替の変動に柔軟に対応できる
・代行手数料が安く済む

その結果、既存の中国輸入のノウハウよりも圧倒的にコストや時間を圧縮でき、かつ、自分の手間や時間がほとんどかからないので、収入と時間を同時に手にすることが可能なのです。

私の場合、最近ではセミナーやコンサルを行っているため、そこに時間を取られていますが、個人輸入だけやっていた時は週休5日で、基本的に子供達と一緒に遊んでいました。

リピート商品の数によりますが、慣れてくれれば、サラリーマンの平均月収並みの利益であれば週1日働く程度で成り立つと思います。うまく行き始めた頃の私の場合、週2日程度の労働で年収1000万円程度でした。

月商250〜350万円。利益率が30％程度ですので、月利75万円から105万円程度となります。

3　輸入が難しい商品の取り扱いを可能にする

●日本語を使える中国人は勉強熱心である

日本語が上手な中国人の多くは、非常に勉強熱心です。

彼らの多くは、事前に日本へ輸出できない品物を調べて知識を得てくれます。

また、中国国内からの輸出に関するルールがあるのでそれも勉強してくれます。

パートナーといい関係を保ち、お互い成長していくことが大切です。そうすれば、普通の人には輸入が難しい品も扱うことができるようになります。

たとえば、おもちゃなど、乾電池を含む商品がある場合、電池の輸入は禁止なので事前に電池を商品から抜く作業をパートナー側でやってくれます。

また、ノーブランド品であっても、外箱にブランドのマークが印刷されていたりする場合があるのですが、その時は、箱から商品を出して、必要な商品のみ取り出して発送してくれます。

前にも書いたように既存の代行業者に依頼する場合、代行業者は言われたままに仕入れて発送するので、このような確認は行ってくれません。そして、通関の際に没収されるなど、高いリスクを負うことになるのです。

4　時間とコストの削減

●価格交渉によって関税も安くなる

中国人パートナーによる現地での輸送費の価格交渉が可能なので、当然仕入れの額も安くなります。結果的に関税も安くなります。

WIN-WIN の関係ですから、お互いにメリットがあるように十分注意しながら作業を行ってもらえます。

信頼関係を構築したパートナーは、中国のショップや工場と価格交渉を行ってくれます。商品自体の価格が10%程度安くなることもあるので、パートナーに支払う手数料程度の金額が安くなることさえあります。

また、ロットの交渉も可能です。タオバオで仕入れている商品で、よく売れるものがあればアリババで大量に仕入れた方が安いですが、その場合の価格は10%以上低い場合が多いのです。ただし仕入れ数の最低ロットが大きく、100以上や、中には1000個以上という条件の時もあります。その場合でも、パートナーにロットの交渉をしてもらえば、500個ロットで1個の価格が95元という商品が、50個でもその価格で仕入れることだって不可能ではありません。

交渉自体は無料で行ってもらいましょう。また、私のパートナーの場合は、中国での保管も無料で行ってくれますので、たとえば100個まとめて購入して、20個ずつAmazonへ送ってもらうことも可能です。すべてはパートナーとの信頼関係次第です。

●時間の削減

山田メソッドによる「自動化」は、一度依頼すると、関連するすべての作業を完了させてくれる一連のサービスです。リピート商品の場合、こちらで行う主な作業は、仕入個数の決定と送金だけです。商品は、最短で1週間程度でFBAに届き、販売がスタートします。

一般的な中国輸入のノウハウだと、代行業者から自分の家にすべての荷物が届き、自分で仕分けしてAmazonに発送しなければなりませんから、自分の時間が取られてしまいます。

また、中国の代行業者から日本の代行業者に送ってもらい、そこからAmazonのFBAに送る方も多いと思いますが、その場合は日本の代行業者へ払う手数料、国内送料、そして時間がかかってしまいます。

お互いが経験を積んで、現地中国人と信頼関係を保てるパートナーになれば、コスト、時間が圧倒的に削減されるのです。

●日本と中国のパートナーシップによる相乗効果について

中国人パートナーと行うこのビジネスは、既存の輸入ビジネスとは比較にならないメリットがあります。

タオバオ、アリババ以外の著名な中国ＥＣサイト一覧

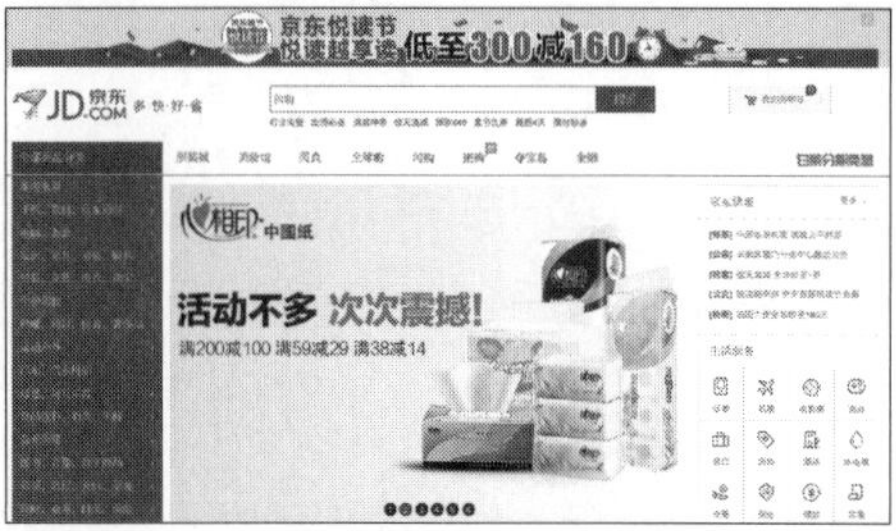

京东网上商城のトップページ

京东网上商城
http://www.jd.com/

网上超市１号店のトップページ

网上超市１号店
http://www.yhd.com/

当当のトップページ

当　当
http://www.dangdang.com/

中国人パートナーと一緒にビジネスを進めていくことで、先方が「日本でいま何が売れているのか」という知識を得ていくので、リサーチの精度がどんどん上がっていきます。しかもタオバオ、アリババ、さらには直接工場での価格交渉を行ってもらうことだってできるでしょう。

タオバオ、アリババ以外の中国のECサイトからの購入も当然可能です。

経験を積んでいけば、中国人パートナーと一緒にOEM（オリジナル商品）を製造することだって可能です。

例えば私は、パワーストーンの石を一つずつ購入してオリジナルのブレスレットを中国で製作したことがありました。

また、パワーストーンに手彫りで加工してもらったこともあります。

その時は、中国で手を加えてもらうことでオリジナル商品として販売できました。

あなたのアイディア次第で、無限のビジネスの可能性が広がっているのです。

それも中国人パートナーがいればこそです。

5　山田メソッドの根本にあるもの

●日本語でビジネスをする

小資金で始められて、簡単で、自分の時間を使わず、リスクも低く、収入が得られる。このノウハウを、多くの方に知ってもらい、実践して頂きたいと思っています。

インターネットビジネスは、一般的に若い方が有利に思われがちですが、私のノウハウではパソコンスキルは最低限で良く、常識的なコミュニケーションが取れることの方が大切です。

そう考えると、年配の方、育児に追われた主婦の方でも実践していただきやすいノウハウだと確信しています。

インターネットのお陰で、仕入れのやり取りがスカイプやメールで出来るようになり、世界各国とのコミュニケーションにかかる手間は大幅に縮小しました。

ひと昔前は、日本人が海外でビジネスするには英語が当たり前でした。

例えば、英語圏でないアジアの国々とビジネスを行う場合、お互いに慣れない英語のため、コミュニケーション・ロスによるコストが大きかったと思います。

しかし、今は日本語を使える方が世界中にたくさんいます。

特にアジアの多くの国には、日本語を話せる方がたくさんいることに私は気付きました。

アニメ、ゲーム、アイドルなどで日本の文化に憧れ、それがきっかけで日本語を学んでいる若者たちもたくさん存在します。

お互いが慣れない英語を使うよりも、日本語を使える現地のパートナーを見つけて教育していく方が、クライアントにとっては正しいコミュニケーションができると思っています。

クライアントが日本人なのであれば、ビジネスパートナーが使う言葉は日本語であるべきではないでしょうか。これまで日本は、欧米にすり寄り過ぎていたように思うのです。

日本語で世界の多くのビジネスパートナーとつながり、日本文化を通して信頼が生まれることで、相手を敬いながら与え合える日本発のパートナーシップが生まれるのではないでしょうか。

6章

再確認
初めてのAmazon登録から
収益化まで

ここまで私の考えも踏まえて、各章毎に少しずつ私なりの中国個人輸入のノウハウについて書いてきました。

ここでは初心者にも始められるように、改めて順序立てて、山田メソッドによるAmazon中国輸入ビジネスの流れをまとめていきます。

1 Amazonの「大口出品」への登録

Amazonで出品者として商品を販売するには、出品者用アカウントを別途取る必要があります。

「大口出品」と「小口出品」に分かれているので、FBAを使うためには「大口出品」を選びます。登録時にはクレジットカード情報の準備が必要です。

まったく初めて出品用アカウントで登録される方は、購入のみのアカウントと

Amazonのアカウント用トップページ

出品用アカウントが違うことに混乱するかもしれません。

　Amazonトップページ上部中央の「アカウントサービス」をクリックします。

　出品用アカウントはアカウントサービスのページに入り、右側の「各種アカウント」の「出品用アカウント」のリンクから遷移します。

　小口出品と大口出品の違いですが、小口出品の場合は１点につき100円の基本成約料と基本手数料が掛かります。

　大口出品の場合は月々４９００円ですが、登録から３ヶ月間は無料です。（いずれも２０１５年４月現在）

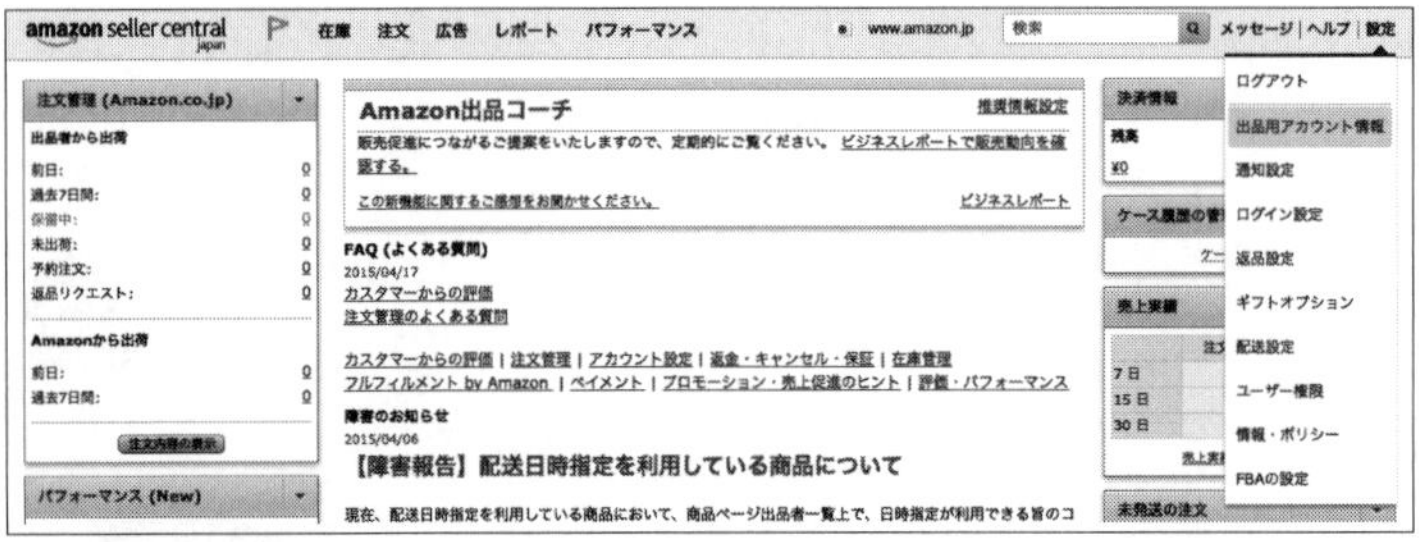

Amazon 出品用アカウントページ

ひと月に50点未満の取引の場合、小口取引の方がAmazonの手数料は割安と考える方もいらっしゃるかもしれませんが、大口取引にする最大のメリットは、やはりFBAを利用できることです。そしてカートを獲得しやすくなることです。

さらに月数十万の売上を目標にしているのであれば、学ぶためにも最初から大口取引で登録することをお勧めしています。

Amazonで出品者登録が済んだら、「Amazonペイメント」へ登録して、クレジットカード情報、振込先の銀行口座情報を入力する流れになります。

口座の変更は、「設定」の項目から「出

品用アカウント情報」で銀行口座の設定が可能です。

2　中国人リサーチャー及び仕入れ担当者を探す

次は商品リサーチから仕入れまでを行ってくれる中国在住の方を探します。

4章3での解説の通り、@SOHO、クラウドワークス、トレードチャイナや中国人向け掲示板サイトを使い、日本語で募集します。

リサーチから仕入れまで一括でやってくれる方が見つからない場合は、商品リサーチと仕入れ担当をしてくれる方が別々でもまずは構いません。

相手の学習意欲が高く、お互いに売上を増やしていきたい意志があれば、検品、仕入れ、梱包などそれ以外の作業も徐々にお願いしていってください。

リサーチと仕入れを別々にお願いする場合、仕入れが可能な方を見付けることの方が難しいので、まずは購入代行者を優先して探してください。
パートナーの探し方については、４章４に詳細が書かれています。

3 ＡＳＩＮコードとＳＫＵ

Amazonで既に出品されている商品には、必ず10桁の商品識別番号が付与されています。これがＡＳＩＮコードです。

ＪＡＮコード（日本の共通商品コード。商品に付いているいわゆるバーコード）がない商品でもAmazonではＡＳＩＮコードで管理します。

同じ商品であれば、ＡＳＩＮは同じコードで登録しなければいけません。

これまで購入者側だった方はなかなか気付かなかったと思いますが、商品ページの右下の「登録情報」に「ＡＳＩＮ」の欄が記載されています。

画像のような商品の場合、「B00ATUZSNA」が「ＡＳＩＮ」コードになります。

商品の情報

詳細情報

サイズ	10 * 5 * 2.5cm
重量	150 g
ブランド	ノーブランド
ギフトパッケージについて	予約注文・限定版／初回版・特典に関する注意

登録情報

ASIN	B00ATUZSNA
おすすめ度	☆☆☆☆☆ 17 件のカスタマーレビュー 5つ星のうち 3.5
Amazon ベストセラー商品ランキング	スポーツ&アウトドア - 5,593位 (ベストセラーを見る) 67位 ─ スポーツ&アウトドア > 自転車 > ライト・リフレクター > ヘッドライト
発送重量	150 g
Amazon.co.jp での取り扱い開始日	2013/2/6

Amazon 商品ページ内商品情報

ＡＳＩＮはAmazon が発行する商品個別の識別番号ですが、ＳＫＵは出品者が自分の商品に割り振る文字列になります。

ＳＫＵは外部には表示されないため、自分が管理するために使用します。

「出品日」「状態」「リサーチャーのイニシャル」などを入力することで、同じ商品でも売れ行きやＦＢＡの在庫状況を管理しやすくなります。

ただ、何も入力しなかった場合でも、自動で割り振られるのであまり最初はこだわらなくても良いでしょう。慣れてきたら、活用方法を工夫していってください。

4　リサーチデータの確認と仕入れ判断

商品リサーチをするパートナーが1人であれば、**1週間に10個程度**（多いほどもちろん良いです）の仕入れ候補を提出してもらいます。

あなた自身が慣れてきたら、商品リサーチをしてくれるパートナーを増やしても良いと思います。

品物を仕入れるかどうかの判断は、モノレートで出品者数、ランキング、カートの価格（利益率）、中国ECサイトでの価格などを見て判断します。こちらは、2章をご覧ください。

少ない個数で輸入する場合、日本の価格の半分の中国製品であっても中国国内送料、国際送料、日本国内での送料、関税がかかるので中国での価格と日本の価格を比べた場合、粗利は2割から3割になることを想定してください。リピート商品が大量に増えれば輸送費を抑えられるようになります。

利益率の計算については1章3、仕入れ値の計算については3章4に記載しました。

5　初回のオーダー

商品リサーチ結果の中に仕入れたい商品があれば、まずは2個を自分の家に送ってもらいます。送料がかかるのでパートナーに一つの段ボールに複数個まとめてもらいます。

リサーチの中からオーダーしなかったものは、中国人パートナーへの学習のためにもオーダーしなかった理由を伝えてください。

Amazonでは申請して**許可を得ないと販売できない商品**があります。「ヘルス&ビューティー」「時計」「服&ファッション小物」「ジュエリー」「シューズ&バッグ」「食品&飲料」「コスメ」「ペット用品」です。これらの商品を申請前に仕入れるのは避けてください。また、「食品」と「コスメ」については、扱うことはできますが初心者には輸入のハードルが高いので避けてください。

商品をオーダーするには、最初にパートナーへの送金が必要です。初めて中国のパートナーに送金する時は、送料を含め3万円から5万円以内のオーダーで良いです。

初めての送金は不安だと思います。そのためにもスカイプを使って**肉声で話すことが大切**であり、できれば画像付きの通話で顔を見ておくことが重要です。また、一時的なビジネスではなくて将来的にお互いがWIN-WINの関係になれることを伝えます。

自分は売上目標をいくらにしているのか、そしてどれだけパートナーに支払いたいのか、また長期的にあなたと続けていきたいということを伝えます。

中国人との関係性の構築が私のノウハウの重要な部分です。そちらは4章に書かれているので、再度ご確認ください。

6　SBIレミットでの送金

SBIレミットを利用する場合は、中国人パートナーにその旨を伝えて下さい。パートナーはあなたが送るリファレンスナンバーと自分の身分証明書があれば受け取ることができます。

SBIレミットへの登録は、身分証のコピーの送付など最低でも1週間程度はかかります。登録料は無料ですので、SBIレミットでの登録準備は事前に行っておくと良いでしょう。

SBIレミットを利用すると、時間や手間をかけずに海外の相手に送金することが可能です。

本来であれば商品見積もり時に購入代金を入金し、荷物が揃って重さが確定したら別途送料を支払うものですが、手間や時間が双方にかかるため、送料は中国ネットショップの表記にある重さから概算で算出して支払いを一度にまとめてもらうとスピードが増します。

また、中国のパートナー側でインボイスの記入が必要です。

《初心者ポイント》

ここで個人輸入が初めての方のためにインボイスについて説明しましょう。
郵便局のホームページには、インボイスについて以下の説明があります。

インボイスとは、物品を送るときに税関への申告、検査などで必要となる書類です。
また、相手国での輸入通関をする際に必要となりますので正確に記載してください。
国によって必要となる書類の種類や数が異なる場合がありますので、ご確認ください。

郵便局のホームページに左ページの図のような記入例が存在するので確認してください。
このような用紙にパートナーに記入してもらうことになります（中国から日本への輸出の際は書式が若干異なります）。

インボイスの設定について嘘はいけませんので、中国人パートナーには「高めに設定しないでくださいね」とお願いするだけで十分伝わります。

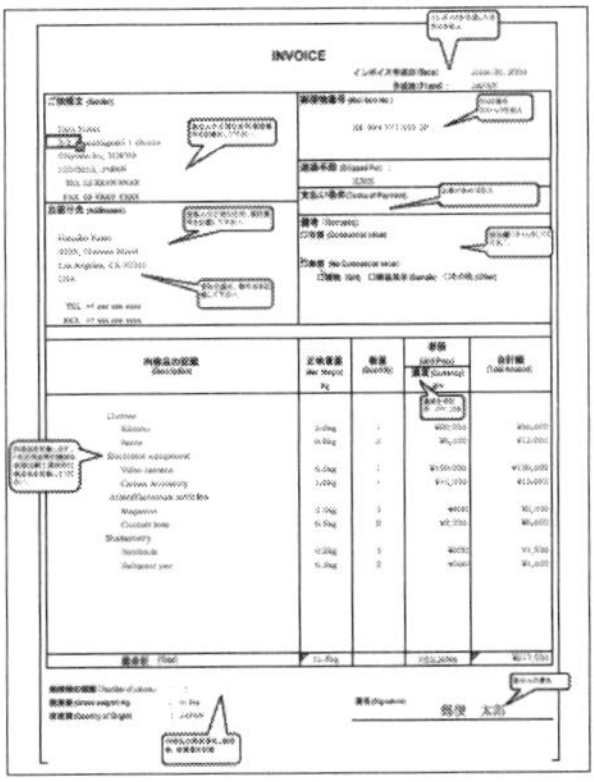

郵便局ホームページのインボイス記入例

7　中国から荷物が自宅へ届く

中国人パートナーから発送された荷物は、オーダーしてから1週間から2週間程度であなたの指定した場所に届きます（地域により大幅に異なります）。

関税の料金支払い方法は配送業者により異なります。私の場合ですが、配送業者はＤＨＬをお勧めしています。

ＤＨＬの場合は、請求書による後払いやクレジット決済が可能なので、送料の振込による時間のロスが発生しません。

8 マーケットプレイスへの出品

自宅に届いた商品に何も問題がなければ、既存の商品ページから相乗り出品します。

マーケットプレイスへの出品には二つの方法があります。

まずは、出品用アカウントから「Amazon セラーセントラル」へログインする方法です。

流れとしては、「Amazon セラーセントラル」ページの「在庫」の中の項目から「商

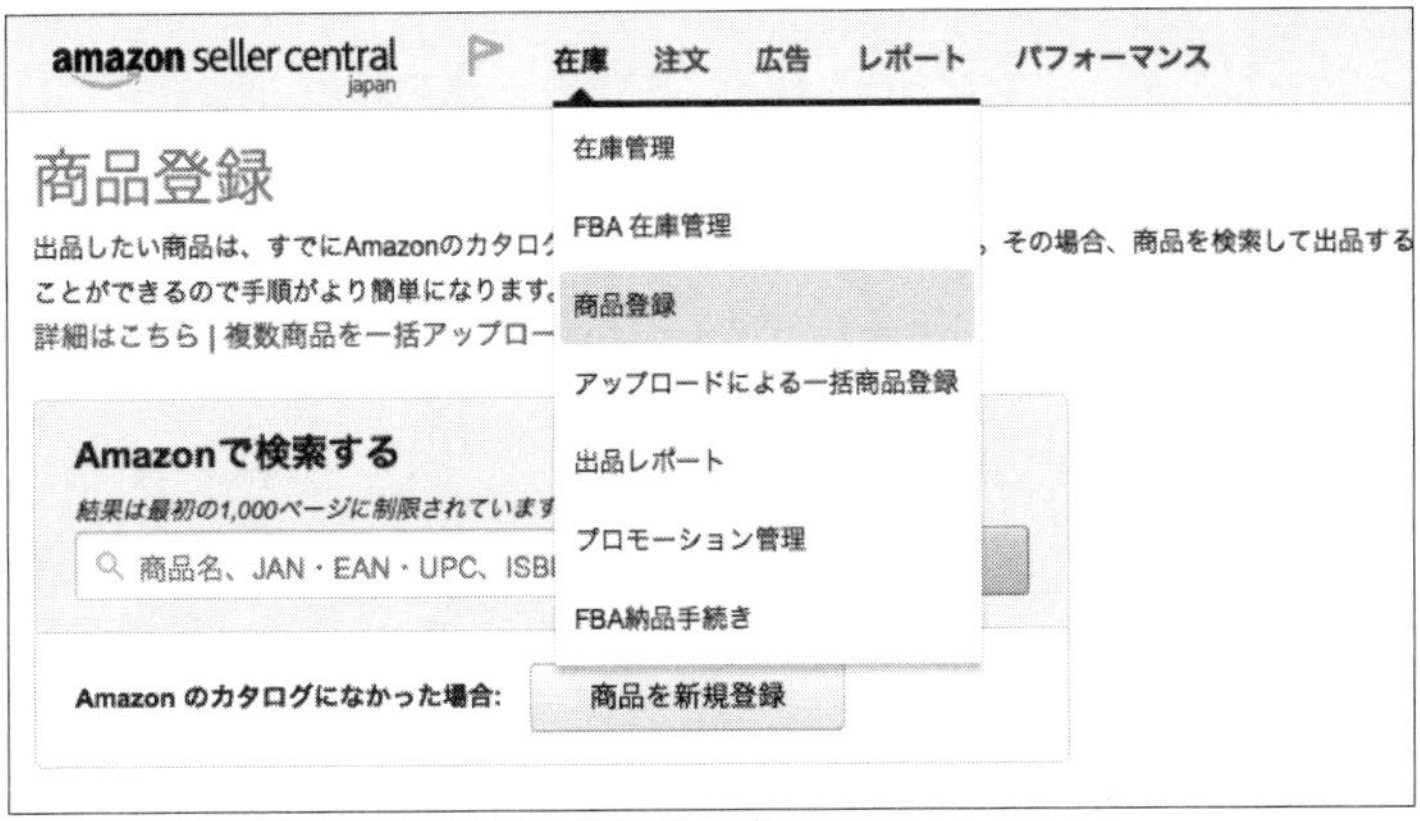

Amazon の出品用アカウント商品登録ページ

品登録」ページに遷移し、ASINコードで検索して探す方法が一つです。

もう一つの方法は、Amazon購入用ページでASINコードを用いて検索し、出てきた商品のページから登録します。

こちらの方が相乗り出品するには簡単です。

「カートに入れる」の下に「こちらからもご購入いただけます」と表示されますが、その下に「この商品をお持ちですか?」という文章があり、「マーケットプレイスに出品する」というボタンがあります。

「マーケットプレイスに出品する」をクリックすると、商品のコンディション説明や在庫数、価格を入力する管理画面が出てきます。

ここで必要な情報を記入して下さい。

「提供する配送オプション」の項目について、デフォルトでは「商品が売れた場合、自分で商品を配送する（出品者在庫）」になっていますが、このまま進んでしまうと自分で発送することになるので、大口出品の場合は「商品が売れた場合、Amazon に配送代行およびカスタマーサービスを依頼する（FBA在庫）」を選択します。

出品商品の登録ページ

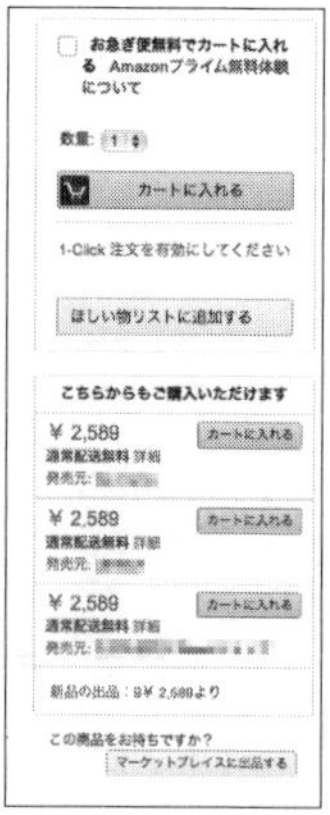

「マーケットプレイスに出品する」のリンク

9　FBAへ発送する

FBAの利点については1章7で書きましたが、在庫管理がパソコン上だけで行えることで作業時間の短縮に大きく貢献しています。

FBA倉庫に商品を納入するための登録を進めて行くと、商品独自のバーコードラベルの印刷設定画面が表示されます。これを印刷し、商品に貼らなければFBA倉庫で受け付けてくれません。

商品に直接貼らず、100円ショップなどで売っている包装用の透明ビニール袋に商品を入れて袋側に貼ります。商品に元々バーコードなどがある場合は、隠すように上から貼るようにして下さい。

シールでの印刷が困難な方は、Amazonでラベルを貼ってくれるサービスもあります。

ラベル貼付の手数料は、191ページの図の通りです。ただ、現時点では商品が限られているためお勧めはしません。

ＦＢＡに送る商品に貼るバーコード

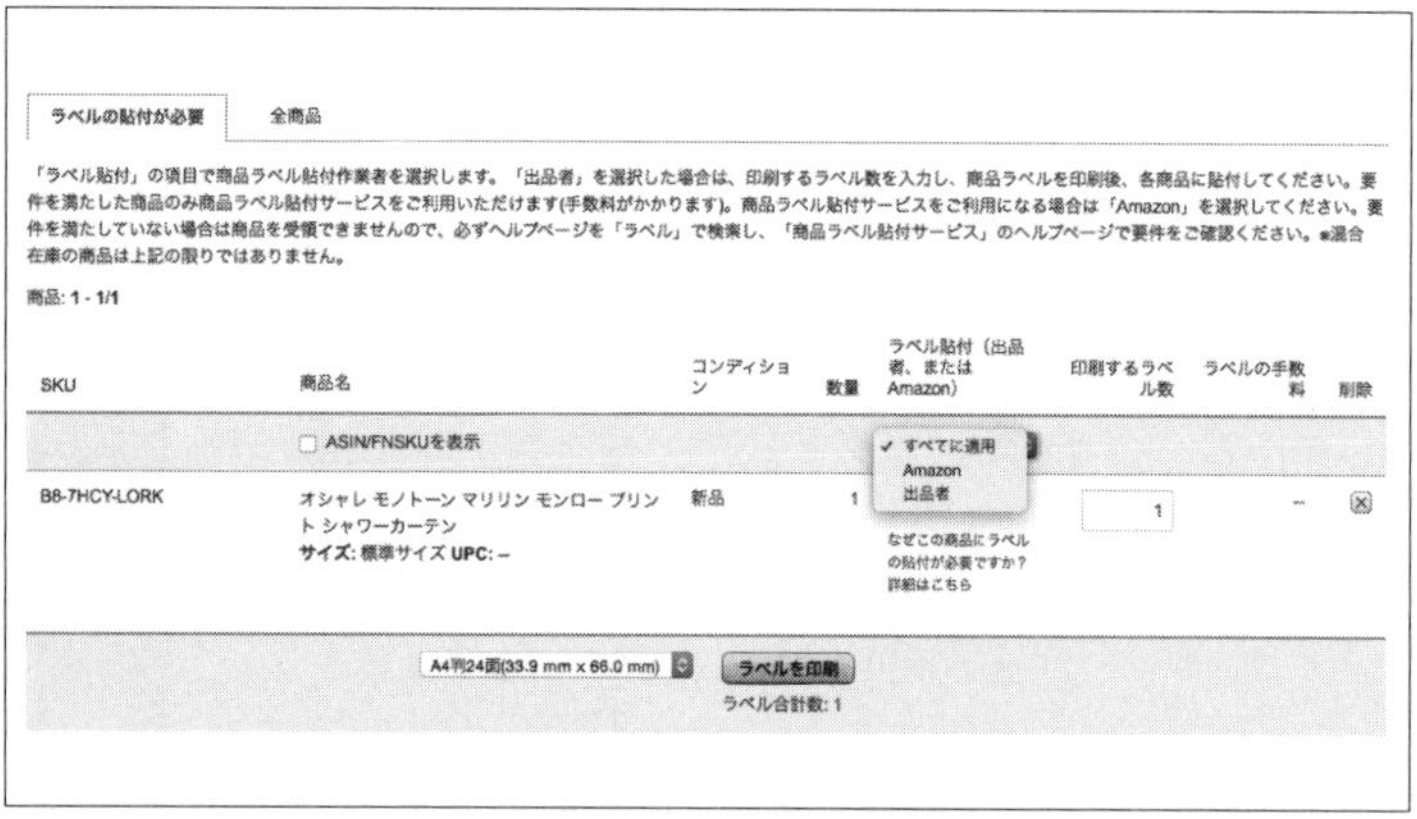

Amazon の出品用ラベル貼付確認ページ

分類	サイズ	重量	1枚あたりの料金(税込)
小型商品	25x18x2cm以下	250g以下	19円
標準商品	45x35x20cm以下	250g以上9kg以下	19円
大型商品	45x35x20cmを一辺でも超えた場合	9kgを超える	43円

Amazon でラベルを貼付する場合の手数料

※ 2015 年 4 月現在のラベル貼付に関する手数料です。
このサービスは、現在一部の商品にのみ行なわれています。

商品ラベルを印刷したら、FBAへの納品書と配送ラベルを印刷します。

FBAの納品書は梱包する箱の上部に入れ、配送ラベルは箱に貼り付けます。配送ラベルは、Amazon 側で送られてきた箱を管理するためのものです。

FBAへ到着すると商品データが反映され、マーケットプレイスでの販売がスタートします。

そこで購入者が現れればFBAにより自動発送されます。

10 リピート商品を繰り返し販売する

3章5で説明しているように2週間で何個売れるかを想定して中国人パートナーにリピート購入の依頼をします。

一度自分の目で検品しているので、リピート分からの商品は中国からFBAの倉庫に直接送ってもらいましょう。

運送会社の送り状には住所が3つ記載されます。

・送り先住所（FBA住所）：リピート商品の場合はここに届けます

・送元住所（中国住所）：中国人パートナーの住所です

・荷主住所（あなたの住所）：通関や輸送時に問題があった場合に連絡が届きます

関税の支払いがFBA倉庫での受け取りの際に発生すると、荷物を受け取ってもらえません。

そこで私は、中国から発送する際にDHLなどの配送業者と**関税の荷主支払い**をすることを中国人パートナーに依頼します。

パートナーとの信頼関係が築けていれば、関税の送元支払いで先払いに応じてくれる方もいます。

リピート商品については、中国人パートナーにFBA入荷の個数を伝えるだけで出品が自動化されます。

なお、商品が売れた際のAmazonからの入金については、14日周期で振り込まれます。

11 パートナー用アカウントの作成

これは、パートナーとの**信頼関係ができてから**の作業になります。

中国人パートナーとの信頼関係ができているならば、自分のアカウントの一部の権限をパートナーに付与すると収益アップのスピードが早まります。

ＦＢＡの商品をリピートして欲しいという依頼をするだけで、Amazon アカウントの商品在庫の追加、納品プランの作成、バーコード（商品コード）のシールの印刷、ＦＢＡへの発送など、多くの作業を中国人パートナーに行ってもらえます。

「銀行口座を書き換えられないか」「売上がわかってしまわないか」など不安もあるかもしれませんが、Amazon のセラーセントラルで権限の設定が可能です。

設定の仕方は、出品用アカウントにログインして画面右上部の「設定」から「ユーザー権限」を選択して付与したい相手に招待メールを送ります。

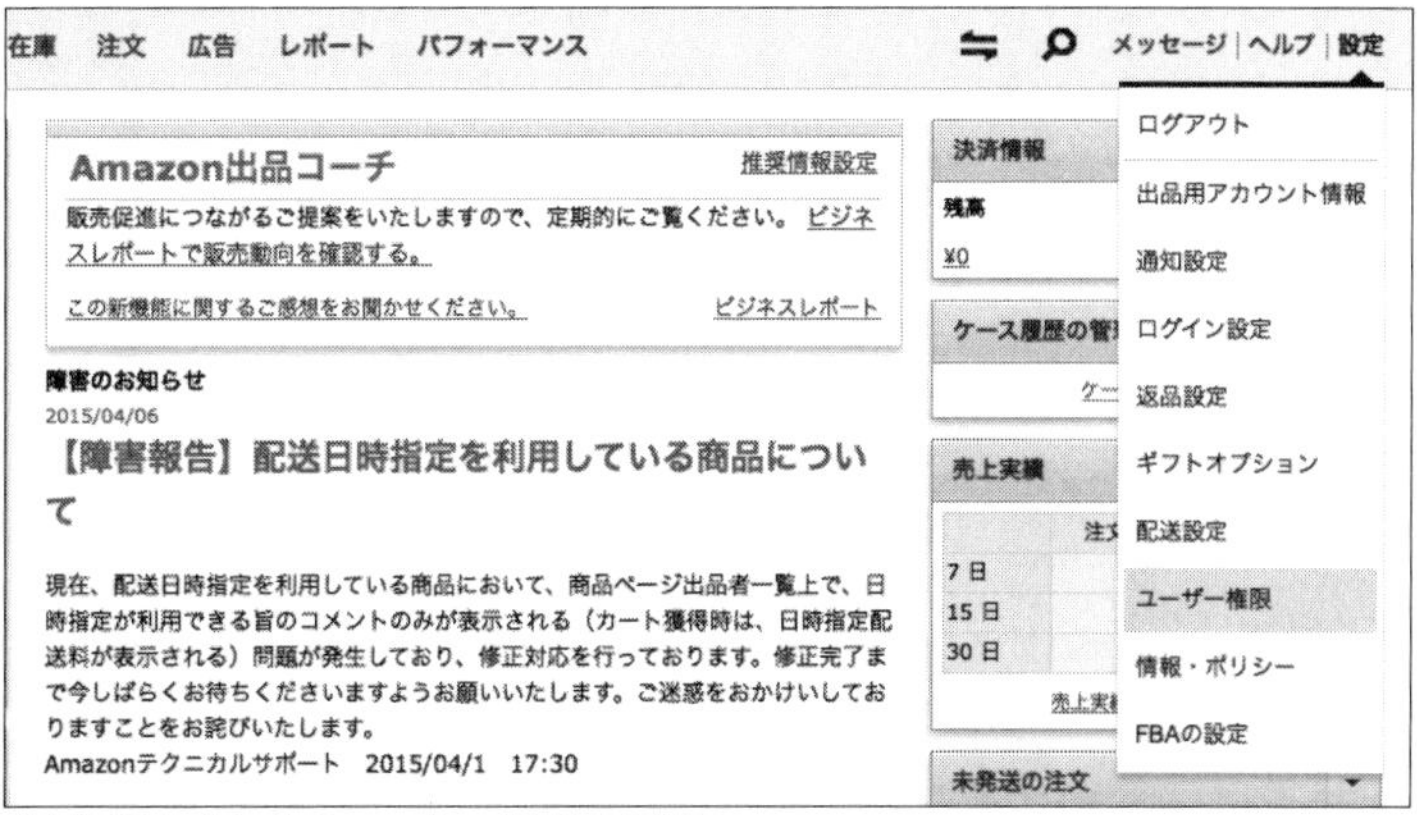

出品用アカウントのユーザー情報変更設定

するとパートナーにセラーセントラルにアクセスできる確認コードへのリンクが送られて来るので、それをパートナーから送ってもらってください。

確認コードの認証が完了すれば、セラーセントラルに入れるようになるので、必要に応じて権限を設定してください。

12 在庫管理

ＦＢＡに出荷したら、商品の売れ行きや状況についての確認は数分でいいので1日1回は行ってください。

また、Amazonからのメールも確認してください。Amazonから商品に対して何かクレームや質問があった場合に、24時間以内に返答しなければペナルティとなります。あなたの出品者としてのアカウントの評価も下がるので、休日であってもメール確認だけは怠らないようにしてください。

四六時中Amazonの管理画面とにらめっこをする必要はありません。**株やFXと比べれば変動の少ない市場です**。しかし、まったく売れ行きを見ないのは、何か売れなくなる事由が発生した時にそれに気付かないことになるので、1日1回5分程度確認するだけで十分です。

ここまで一連の流れを短縮してまとめました。

まだ書ききれない情報がたくさんありますが、今後私のホームページなどでさまざまな情報発信をしていく予定です。アドレスや私とのコンタクト方法については、本の最後にある私のプロフィールに記載しました。

今回この本の購入者のために特別なオリジナルツールの特典もありますので、是非ご利用ください。

7章

山田メソッド実践者との座談会

1　山田メソッドを最初に聞いて思ったこと

ここまで私の言葉だけで書いてきましたが、実際に現在私の中国輸入ノウハウを利用しているコンサル生が複数いらっしゃいますので、この章では、彼らを交えての座談会形式で、実際に山田メソッドを試してみてどうだったかを聞いてみました。これから始める読者の皆様があれこれ疑問に思う点がスッキリすれば幸いです。

今回参加してくれたのはこの4人です。

それぞれ仮名で、町田愛子さん（女性　34歳）、ねいさん（女性　45歳）、TNさん（男性　41歳）、初心者ケイさん（男性　44歳）です。

私が講師なのもあり恐縮するかもしれませんが、「ゴマスリなし」を前提に、これまで実践して感じたことを振り返ってもらいました。

山田　私が実践しているこのやり方を最初に聞いた時、どう思いました？　媚《こ》びないでお願いします。

町田愛子　媚びないでいいんですね（笑）。面白いネット転売のノウハウがあるってことを私の税理士さんから聞いていたんですけど、あまり信用していませんでした。

山田　私と同じ税理士さんですよね。あの方が話すと怪しいですもんね（笑）。

町田愛子　ま、まあ…（笑）。私はすでに楽天でショップを持っていたのもあり、ネット転売をやってもあまり上手くいっていなかったので、周りから来る上手い話には否定的だったんです。

ねい　私も経験者なので同じです。欧米のAmazon輸入をやっていて、利益もあまり取れていなかったので、本当に儲けられるの？と思ったのが最初の印象です。

山田　ＴＮさんと初心者ケイさんは、それほどネット転売はやっていなかったんですよね？

ＴＮ　僕は会社を経営しているのですが、経験は浅かったので本業と並行してできるかどうかが不安でした。あと、中国の人と言葉が通じるかどうかなども不安の一つでしたね。商品に対しての品質・納品までの時間がどれくらいなのかなども気にかかっていました。

初心者ケイ　僕なんかAmazonで出品する手順からわかりませんでしたよ。脱サラしたのもあり、娘は中学入学で金かかるしで、もうパチンコ感覚で参入しました。

山田　これはギャンブルではなく、確実な方法ですよ。

初心者ケイ　最初は4万円の投資から始めたのですが、パチンコだったら1日でなくなる可能性もありますからね。

山田　みなさん最初はそんなに簡単に上手くいくの？って疑ってかかっていたんですね（笑）。

町田愛子さんとねいさんは、輸入転売でそれほど上手くいっていなかった共通点があります。

私のやり方と既存の方法とを比べてみてどうだったかを聞いてみました。

山田　町田さんとねいさんは、ネット転売ではそれほど儲かっていなかったんですよね。

町田愛子　私は楽天でショップをやっていたのですが、手数料もAmazonと比べれば高いのもあったし、売れたら売れたで梱包も大変でした。

ねい　梱包って面倒ですよね。

町田愛子　はい、時間が取られますね。他にも大変だったのは、韓国輸入を中心に仕入れていたのですが、為替レートに左右されることです。仕入れ代行もいくつかの業者に当たっていましたが、どれも内容、金額ともに納得がいかず…。そんなこんなで日々忙しいものの利益が上がらず頭を抱えているような感じでした。

山田　ねいさんがやっていた欧米輸入はどうでしたか？

ねい　欧米輸入でリサーチの大変さを知っていたので、「自動化」って言ったってそんなに簡単にできるの？って思ってしまいました。

山田　疑ってましたね？

ねい　でも山田さんからちゃんとやり方の詳細を聞いて、この方法ができるのであれば輸入の仕事の能率が上がる！と思いましたよ。本当に可能なのかは心配でしたが、信じてやってみたいと思いました。

町田愛子　私もです。山田さんのノウハウを聞いたとき、そんなことがあっていいのか！って思いました。本当にそんなことがあるならぜひ教えてほしい！という興味から始まっています。

2 実践して感じたこと

コンサル生４人は、それぞれ不安はある中でも私のノウハウを実践していったようです。

実際に試してみてどうだったのでしょうか。

山田　実際に私のやり方を試してみてどう思いました？

町田愛子　ネット転売の経験者からすれば中国人パートナーの方々が素晴らしいので、まず驚くほど簡単ですよね。

ねい　そうですね。やることはこれだけでいいのかと思いました。

町田愛子　自動的に売れる商品が分かり、自動的に売れる。仕入れに悩まなくていいし、確実に売れる。FBAで梱包に追われなくていいのも素敵ですね。私は、今まで梱包に追われていたので、時間に余裕ができて別のビジネスプランを考えることができるようになりました。

ねい　私もあまりに時間が余って、やることがなくなりました（笑）。

初心者ケイ　僕はまだFBAへの出荷で戸惑っているんですけども…。

山田　Amazonのサポートセンターに直接問い合わせると親切に教えてくれますよ。

初心者ケイ　あ！コンサル放棄だ（笑）。いや、実際にAmazonに電話したんですよ。Amazonのサポートシステムってすごく教育されていますよね。本当に親切でした。

山田　中国人パートナーがサポートしてくれるようになれば完璧ですよ。

ねい　私は教育された中国人パートナーを山田さんに紹介いただいたので、最初から楽に交渉できました。

初心者ケイ　ずるい。僕の場合はトレードチャイナで募集したところ、最初の応募者が日本人で…というか、中国に住んでいる日本の方だったんですけど、それはまあラッキーだったんですが、リサーチしかしてくれなくて…。しかも、採用されようがされまいが一件の商品を提案するだけで200円だったんですよね。200円なのでコンビニのお菓子感覚の価格ですが、頭が中国相場になっていたのもあり、高いなあと思いました。しかも仕入れ担当者を見つける前ですからね。

山田　でもその後にいいパートナーと出会えたじゃないですか。

初心者ケイ　いや、それまでパートナーを探すのが大変でしたよ。僕自身がコミュニケーションが苦手なので。でも、ちゃんとビジネスをしている中国の方と出会うと、コミュニケーションもしっかりしていますね。僕がお願いしている王さんは、個人かと思いきやチームとして仕入れを組織化していました。日本で中国輸入に目を向けている人がいるように中国にも日本輸出に目を向けている人がいるんだと気付きました。あと、日本語が話せる中国の方って日本の心を持っててすごいですね。

山田　というと？

初心者ケイ　リサーチした荷物を自宅に送ってもらった時に王さんからの絵葉書が入っていたんですよ。それがまるで日本人なんです。

山田　どんな内容ですか？

初心者ケイ　拝啓　春の足音がすぐそこまで聞こえてくるようです。楽しみですね。さて、今回はパートナーになれて光栄でございます。今後も是非宜しくお願いします。末筆ながらご自愛のほどお祈り申し上げます。敬具

山田　すごいですね。

初心者ケイ　これ、日本の20代社会人でも書けない文章ですよ。しかも手書きですよ？一気に信頼関係ができました。

山田　TNさんは中国輸入をやってみてどうでした？

TN　僕はAmazonに慣れていないこと自体がハードルでした。初めはSBIレミットなど登録関連で準備することや中国人パートナーとのやりとりに手間取りましたが、今思えば町田さんやねいさんの苦労に比べればスムーズにいったと

思います。

山田　中国との輸入ビジネスということへの不安はなくなりましたか？

TN　中国の商品の質も思っていたより高かったです。日本への納品も驚くほど早く、Amazonでもとても早く売れていくのを実感しました。

初心者ケイ　中国に仕入れ注文を出してから最初の商品が一週間程度で届くんですよね。僕の九州の実家から送るのとあまり変わりないのがすごいです。

3　実践者がハードルに感じたこと

実践した皆さんだからこそ感じたハードルの高さというものもあったことでしょう。

私が「これさえクリアすれば後は簡単」と思っているハードルは、中国人パートナー探しとその育成です。

人によっては、なかなかいい相手にめぐり会えないかもしれません。

いいパートナーとめぐり会うのは運だけではありません。前述したようにパートナー募集サイトの独自選定と独自のコメント作りを心がけて、出会うまでチャレンジするのが基本です。仕事というよりは友達を増やす感覚で楽しみながら続けるのが良いです。

今回のこの座談会に参加したコンサル生には、中国人パートナー探しと育成について私のやり方を紹介しつつ全面的にお手伝いさせていただきました。

最初のコンサル生でもあるので、私のメソッドを使って早く実績を出して欲しかったからです。

それでは中国人パートナーとの関係を確立した上で、さらに難しかった点があったかを聞いてみました。

山田　初心者ケイさんは、いろいろなことがわからなかったんですよね。

初心者ケイ　僕は出品用アカウントのリンクの位置すらわからない状態でしたよ。基本的にセラーセントラルの各機能を知ることがハードルでしたよね。今始めて1ヶ月ですが、やっとFBAに出品する状況です。なので本当の初心者はすぐに儲かるとは思わずに。Amazonのセラーとしての環境に慣れることに時間がかかると思いました。

山田　2ヶ月かければ売上が増えていくのが見えてきますよ。数字として見えるとモチベーションが上がります。数字の上昇を感じる前に多くの人は離脱するんですよ。ではケイさんの次に個人輸入に慣れていなかったTNさんはどうでしたか？

TN　中国のパートナーからリサーチデータが毎週届くのでリピート発注する商品を組み立てなければいけないのですが、最初は商品ばかりを購入することが続くので収支がアンバランスであったりして、その結果、最初の出費を気にして人気商品の在庫維持ができなくなったりしました。

山田　2ヶ月程度の初期の投資額を最初に決めておくと良いです。リサーチに問題がなければ基本的には投資すればどんどん商品は売れていくはずです。欧米輸入をやっていたねいさんは、中国輸入のハードルはありましたか？

ねい　私は過去に転売の実践者でもあったので、特に利益を出すまでに大変という部分はなかったですが、商品が売れるとわかるまでは損してしまったら…と余計な考えが頭に浮かび、仕入れにお金をたくさんかけるということができなかったです。それがハードルでした（笑）。

山田　それは心のハードルですね（笑）。町田さんは？

町田愛子　私は楽天でショップを運営したり、輸入も経験していたので特にハードルの高さは感じなかったですね。むしろこのノウハウのすごさを実感しました。

山田　ありがとうございます！

町田愛子　初めての方は、このノウハウを信じること自体がハードルに感じるだろうなと思います。私はあまりライバルが増えて欲しくないので、正直このノウハウが広がらない方がいいのですが…（笑）。

山田　でも中国には14億の人がいますし、それ相応の商品がありますから。

町田愛子　そうなんでしょうけど、出品者が増えれば売れる商品がどんどんなくなっていくんですよ…。

山田　ランキング3万位以内ですよ?まだまだ他のセラーが見つけていない探すべき商品が次々と出てきますよ。

4　リアル報告　実践者の売上

読者の皆様、コンサル生の売上について実際どうなのか聞いてみたくはないですか。言える範囲で月の売上を聞いてみました。

山田　ここで言える範囲でいいんですけど、仕入れを開始してからの売上を発表してもらっていいですか?TNさんは経営者なのもあり、短期間でぶっこんでいて意外と売上が高いんですよね。

TN　僕は実践して3ヶ月ですけど月の売上が200万程度です。

ねい　すごい！私は、2ヶ月目で月の売上は80万円ぐらい。利益が30万円です。

町田愛子　私は妊娠していたのもあり、実質1ヶ月半程度ですが、売上は月に30万程度です。子育てをしながらなのと仕入れ自体が少ないので、今後ペースを上げていきたいです。

みなさん副業感覚で中国輸入を実践しています。少しの金銭的余裕と少しの時間ができると、生活も少し変わるのではないかと思うのですが、いかがでしょうか。

町田愛子　私は4ヶ月前からこのノウハウを実践したのですが、実は2ヶ月前に出産を控えていました。それが予定より早く入院することになったのですが、その入院中に商品がばんばん売れていくんです。

山田　そういえば出産の時期でしたね。

町田愛子　急な入院で他の仕事はすべてストップしたので、山田さんのノウハウを実践していて本当に良かったと思いました。

山田　お子さんの名前に私の野武男と付けてもいいですよ。
町田愛子　もう名前付いてますから！（笑）
山田　経営者でもあるTNさんにとって、中国輸入をやって変化が起こったことはありますか？
TN　お金の余裕、時間の余裕ができると身体の余裕ができるんですね。ゆとりができて健康的になれるというか。
山田　町田愛子さんはどうですか？
町田愛子　やっぱり個人で梱包から配送までやっていた時と比べると時間に余裕ができたことですね。その余裕で他のビジネスを行うことができます。夢が広がってますますやる気に満ちた生活になりました。
山田　ありがとうございます。ねいさんはどうですか？
ねい　私は、シングルマザーで朝早くから夜まで働く生活だったんです。それが一変して自分の時間が余るほどになりました。
山田　でも時間が余ると不安になるんでしたよね？（笑）
ねい　はい。忙しい毎日から急に時間ができたので落ち着かなくなることもあって…。2週間もすると慣れましたけど（笑）。朝も子供たちを送り出し、帰ってくるのも出迎えられるようになり、子供たちに気を配る余裕ができるようになりました。

5　今あえて講師に聞きたい質問

私のコンサル生とはスカイプでいつでも質問に答えられるようにしています。それもあり、普段質問すればいいことなのかもしれませんが、スカイプでは手順の質問や現在起こっていることでの質問に回答するのが基本であるため、普段は聞きづらい質問を聞いてみました。

山田　いつもは分からないことがあればスカイプで回答していますが、輸入工程の中での質問がメインになっていると思うので、普段聞けないジャンルの質問とかあればここで聞いてください。では、町田さん、どうでしょう?

町田愛子 私はなんでもスカイプで聞いているので…ここではないですかね。

山田 確かに町田さんは、なんでも聞いてきますよね(笑)。

町田愛子 いつでも聞いていいっていうシステムですから(笑)。

山田 初心者のケイさんは初めてなのでいくつも質問があるのでは?

初心者ケイ 多分僕が聞くことは、Amazon のヘルプで調べられることなんで…。面倒くさくなったら山田さんに直接聞きます(笑)。

山田 なんでも聞いてくださいよ。TNさん、質問はありますか?

TN うーん。取得しておいたほうがいい資格や条件などはありますか?

山田 資格はまったく関係ないですよ。個人同士でのやり取りなので、パートナーと自分の技量だけです。

TN では季節感や流行などは追っていった方がいいでしょうか?

山田 1年ぐらいは季節や流行は気にしないでやった方が安全ですね。やり続けているとピンポイントで仕入れるべき商品がわかると思います。今はただ長期的に売れている商品に注力してください。

ねい　私も同じような質問なのですが、中国輸入に関して気を付けることってありますか？

山田　一つのアイテムに集中せずに多品種少量の仕入れでリスクを抑えることですね。初心者の段階で1品目を大量に仕入れてしまうと、売れなかった時の損失が大きいですからね。リスクの分散のために商品の点数は多くしてください。

ねい　あの…正直に聞いていいですか？　このノウハウを使って、マックスで稼げる金額はいくらぐらいでしょうか？

山田　もしかして壮大な計画を立てていますか？リサーチの技量と投資する資金によります。マックスという意味では、時間も最大限に使って仕入れ費用への投資も個人レベルでのマックスを想定すると、Amazonアカウントが一つだとすれば年間1億、利益3千万円程度ってところでしょうか。

町田愛子　1億！

山田　複数のアカウントを使えばその数十倍はいけますよ。でもAmazonの規約では個人で複数アカウントを同一人物が持つことは禁止されていますから。ただし、家族が登録すれば別アカウントになります。家族や友人も巻き込んで一緒にビジネスをやるとだいぶ拡大するのではないですか。

初心者ケイ　今の僕の状態から1億なんて想像できない…。

ねい　さらにちょっと核心に迫る質問があるんですが…。

山田　どうぞどうぞ。

ねい　この山田さんの方法が使えなくなってしまうことはあると思いますか？

山田　中国の規制でもしスカイプが使えなくなったら困りますね。LINEがある日突然中国で使えなくなったりしましたからね。それでも他の通話アプリやメールでやりとりはできるので、パートナーとつながることはできますけど。

ねい　ライバルのセラーが増えることについてはどうですか？

山田　日本で何百万もの人がこのやり方をやったら、中国人パートナーに対する需要と供給が逆転しますよね。ただ、現段階では誰でも知っている方法ではないのですし、中国人パートナー達も組織化しています。さらにAmazonの利用者数も増えているので心配することはないと思います。また、中国輸入の出品者が増えたとしても、どの商品を選ぶかが重要で、ライバル数は関係なく、それは今も変わりません。このノウハウが広がった時に心配するべきなのは、セラーではなく、大型店舗を持っている雑貨量販店かもしれませんよ。

以上が座談会の模様をまとめたものです。

手前味噌ですがＦＢＡ納品が完了してからは、コンサル生は漏れなく成果を出しています。

そこには中国人パートナーとの信頼関係を築けていることがあります。

また、やり続けながら各々がノウハウを身に付けているので成果が出ています。

この成果を聞いても実践し続けない人は多いものです。そこが成否の分かれ道かもしれません。

続けるためには、大きなリスクを背負わずに小さく始めることです。

少しずつ手堅くやり続けていると、このノウハウが自分の物になります。

ノウハウを経験に変えられると、それは実績となります。

終章

日本語で築く中国との友好関係

1　日本語ができる中国人って

私は英語も中国語もできません。できるのは日本語ですが、それ以外にできることがあります。

それは、これまで書いてきた中国の商品を日本に輸入して稼ぐビジネスです。

私が日本語で中国輸入を行おうと思ったのは、前述したように中国輸入を始める前から中国の方からの受託希望が多かったからです。

その時に「日本語ができる中国の人がこんなに多いんだ」と実感しました。

過去の私は、中国人とビジネスをするとなると、英語か中国語ができなければ難しいと思っていました。

もしあの頃に中国輸入を本格的にやるとしたら、中国に住む日本人で副業的に手伝ってくれる方を探したと思います。

しかし実際は中国に住んでいる日本人より、中国に住んでいながら日本語ができきて日本とネットビジネスがしたいと思っている中国人の方が圧倒的に多いのです。

これは規模感の例えです。もし中国の総人口14億人の1％が日本語を真剣に習っていたとすれば１４００万人です。

例えばそのうちの１割が流暢に日本語を話せるなら、140万人が日本語で交渉が可能です。もちろんこれは、中国の人口から想定した規模感のみの数字です。

しかし、現実とそれほどかけ離れた数字ではないと思います。

日本で就労している外国人は、平成25年の統計で約72万人です。

そのうち中国人が最も多く、約30万人です。

その方々の多くはいずれ中国に帰って行きます。私のパートナーにも日本で働いていた経験のある方が数名います。日本での就労経験がある中国の方が母国に帰ることで、中国国内で日本語を話せる人はどんどん増えていきます。

私のパートナーは日本に来たことのない方がほとんどです。それでも私と日常的な会話ができます。

最近では多くの中国人旅行者が日本を訪れていますが、それは中国の富裕層の方々であり、多くの中国人は日本へ旅行に行く金銭的余裕がありません。

日本で英語を習った方が海外旅行に行くのとは異なり、中国から海外旅行に行くのはかなりハードルが高いと思います。中国の都市部でさえ日本との物価の差はおよそ5倍と言われています。

もしアメリカが日本の5倍の物価だったらどうしますか。

例えば今現在、日本からアメリカに20万円で行けるツアーが100万円するとしたら。あなたは行きますか？

だから日本語は喋れるのに日本で働いたことがない、来たことすらない中国人が現地には何万人もいるのです。

GDPでは中国に抜かれて3位になった日本ですが、かつての一般的中国人にとって日本は一番身近な憧れの国だったと思います。

「日本とビジネスをすれば儲かる」という考えもあったと思います。お金のために日本語を覚えようと思った中国の方も多かったのではないでしょうか。それは日本を知るきっかけになったと思います。ビジネスを経て日本を好きになった中国の方はたくさんいます。

近いからこそ政治的には揉めることがあると思いますが、個人間のビジネスで日本人と中国人が揉めることはほぼありません。だから私のパートナーは常に言っています。「WIN-WINの関係になりましょう」と。

2 中国への日本人の偏見

みなさんは中国の商品を信頼していますか。

前述したように中国国内のECサイトで販売されているブランド品には偽物が多いものです。

そのような業者もいることから、中国製品に対して、「粗悪」というイメージを持っている方も多いと思います。

しかし、今あなたの部屋にある物を見渡してください。

衣類、バッグ、100円ショップの商品、家具、食器、小物の電化製品、子供のおもちゃ、文房具、携帯電話関連の商品、各種部品などなど。

私たちの生活の中には実に多くの中国製品が入り込んでいるのです。


中国人に対しては、どんなイメージを持っているでしょうか。

日本で報道される中国からの映像は、日本への抗議デモだったり、尖閣諸島の問題だったり、赤サンゴを取りに来る船の大群だったり、日本や海外のキャラクターを真似た着ぐるみの遊園地だったり、そんなニュースばかりではないですか？

日本に入ってくる中国のニュースが悪い情報ばかりだから、中国に対してのイメージも悪くなりがちなのではないでしょうか。よく考えると日本で流れるニュースでも毎日日本人による殺人のニュースは流れていますよね。

逆に中国が素晴らしいことをしても、ニュースとしては日本に入って来ません。

中国と日本では文化の違いはあります。中国の「良かれ」と日本の「良かれ」の考え方は確かに異なります。

しかし、それは文化の違いであって、中国人の彼らが悪いとは私は思っていません。

中国人とビジネスをしているのであれば、その文化の違いを伝えてあげるのです。

日本語ができる中国人であれば、日本文化をすぐに理解して納得してくれます。

中国人とネットビジネスをしていると言うと、しばしば「騙《だま》されたりしないんですか?」「お金を振り込んでも商品が届かないとか、そういうケースはないんですか?」と聞かれます。

実際のところ、私は今までそういうことが一度もないんです。

「騙される」という点でいえば中国人に限らず、日本人同士でネット転売をしていても騙されることはあるでしょう。

ただ、私はそういうリスクの回避をできる限りしているだけです。

それはインターネットを使ってのコミュニケーションです。ビジネスの前に人対人でやりとりができるかを見ています。

中国人パートナーを募集した際に応募してきた中国のある方とは、仕入れができなかったことからビジネスにはつながらず一度も発注していないのですが、1年以上もメル友としてつながっています。

友達になれればその人は裏切りません。そしていつかビジネスにもいい形でつながると思っています。

3 日本語での海外展開の時代へ

世界に通用する人材を育てる目的で文部科学省は、現在小学5年生から始まっている英語教育を小学3年生に早める見通しです。高校では発表、討論、交渉などを英語で行う授業もするそうです。

確かに海外とビジネスをする場合、一般的な考え方としては、英語で交渉できることが理想の姿なのでしょう。

英語ができる子供たちが増えることには大賛成です。しかし私は先に教えるべきことは、英語よりも日本語でのコミュニケーション術だと思います。

日本語でコミュニケーションができない子供が英語を身につけても、海外の人と正しい関係を構築できないはずです。

私は日本語で中国人とビジネスをしています。実感しているのは、英語じゃなくても海外の人と友好的な関係を作れるということです。

特に日本を好きな海外の方であれば、日本語の方が深い絆が生まれるのではないでしょうか。

彼らは日本が好きだから日本語を学んだわけで、日本語でビジネスをしたがっています。

中国だけではありません。特に東南アジアの国々は、日本に憧れている方達が多くいます。そしてそんな彼らは、母国で日本語を学んでいます。

中国の物価が上がったことにより、ベトナム、タイ、インドネシア、ミャンマー、フィリピン、カンボジアは、日本の企業が製造拠点を求めている国々です。この国々とビジネスをする時の言葉は、お互いが中間地点として歩み寄れる英語ではなく、クライアントの母国語である日本語がベストではないでしょうか。

日本語により日本の文化でビジネスを行う。それが、WIN-WIN の関係になれる近道だと思います。

あとがき

私は、2012年までサラリーマンでした。Amazonでは買う側だけの立場でした。まさか自分がインターネットビジネスのノウハウを提供する側になるなんて…と、このあとがきを書きながら改めて驚きを感じています。

このビジネスを始めるきっかけとなったのは大震災後の景況でした。会社の業績が大幅に悪化し、大量の在庫が倉庫一杯になっていました。

当時私がいた会社は、輸入品を扱う会社で、元々資金効率が悪いビジネスでした。仕入れは現金、販売は売り掛け、入金が2ヶ月後。そこに大震災の影響で売上げは激減、当時ヤフオクのアカウントを持っているのが私しかいなかったため、販売方法なんてわからないままデジカメで写真を撮り、ライバルと思える相手の販売ページを真似てライバルより若干安く設定して出品しました。

すると、ものすごい勢いで商品が売れて行き、気がつけば月商で1000万円。粗利で350万円。あっと言う間に在庫がなくなり、売る物がなくなってしまったのです。

無在庫販売であればまったく資金が必要なく、先にお金が入る夢のようなビジネスモデルだと思い、その瞬間に会社を辞める思いがよぎりました。

当時は子供も小さく、子供と接することができない自分に嫌気がさしていました。

そして、会社を辞めることを決意した時に、ネット転売で食べて行くことに決めました。お手伝いしてくれる方を探すために@SOHOの募集に投稿したのですが、そこへ応募してくれたのが、奄美大島のある男性でした。

相場もお互いにわからず、1商品15円であらゆる商品の登録をお願いしました。

そして3週間ほどすると、名前も聞いたことのない商品が売れまくるのです。

利益が多いもの、少ないもの、仕入れができないもの、とにかく毎日知らない商品が売れまくりました。

売れる物は市場に聞こう。自分の趣味嗜好で商品を考えることは捨てて、客のニーズを探ることに徹することで私の商売に対する考え方が広がりました。

私は2014年に「ネット販売拡大、セミナー講師、書籍出版」という目標を家の壁に貼りました。その後不思議だったのが、中国の掲示板に日本語でパートナー募集を投稿している夢を見たのです。

目覚めてからふと思いつきました。夢のとおり日本語で中国人とビジネスをやってみようと。

さっそく中国の掲示板に日本語で書き込んでみると、日本語を話せる多くの中国の方とつながることができました。

それにより売れている商品のリサーチ、購入代行、検品、交渉、OEM、翻訳、中国から客元へ直送、オーダーメイドの製作、市場仕入れ、マニュアル作成、画像撮影加工、FBA直送、Amazonアカウント在庫管理補充、動画編集、ネットショップ作成、その他、すべてのことがとても低コストで実現できたのです。

現在は依頼する仕事がなくても普通にスカイプのチャットで話しかけて、ビジネスの枠を超えてお友達状態のパートナーも多数います。

最初に私が壁に貼った目標を見た妻は大笑いしていましたが、今ではそれが現実となり中国輸入のスクールも始まり、気が付けばいつの間にか先生と呼ばれるようになりました。そして、こうして本も書いています。

失敗を恐れず、経験を積み重ね、新しい物に挑戦する。自分の知識や経験の小さな小さな世界の中で物事を考えず、自分磨きをし続けること。そうすれば願いは必ず叶えられることを実感しています。

改めて私が大切に思うこと、それは出会いです。

かつて所属していた業績悪化の会社との出会いにも感謝しています。

会社の業績が悪くなければ、未だにネット販売?中国輸入?とんでもない、中国語もできなければ英語もできない、言葉を勉強するにもどれだけの時間がかかるかわからない。そう思っていたはずです。

そしてその後の中国の方々との出会いに最も感謝しています。

50人以上の方とスカイプでお話ししました。その多くは連絡が取れなくなりましたが、聞くのはタダ！募集もタダ！ただ一心で出会うことに注力しました。中国人として初めてパートナーになった呂さんとの出会いは大きかったです。初めて取引する私に、お金の請求はせずに、はじめに自分のお金で商品を仕入れ、検品、商品が揃うと運送会社に持ち込み、送料が確定するとその請求書を添付してまとめてくれました。

普通自分が反対の立場だったらどうでしょう？ネットだけのつながりの相手なので、入金を確認してから買い付けをしますよね。呂さんの、先に自分から相手を信用する姿勢に感銘を受け、私も相手を最初に信用することを心に焼き付けました。

その後呂さんは私との取引が増えていき、奥さんと呂さんのお父さんの3人で会社を設立しました。

それを私に報告して来てくれた時は、呂さんに恩返しができた気がして嬉しくて仕方がありませんでした。

その後、取引が順調に増えて季さんという方と出会いました。彼も呂さんと同じ意識で、自分のお金で送金前に仕入れてくれました。更にロットと価格交渉に強く、しかも倉庫での一時ストックも無料で提供してくれました。

通称幸子という中国人女性との出会いも衝撃的でした。

中国の掲示板への書き込みだったと思います。スカイプで「今話せますか？」とテキストで問いかけると通話の受信がありました。

出てみると、女性の声で「エ：❤」。

ちょっと軽いノリに驚き、もしかして日本語はできても基本は英語か中国語しか話せないのではと思いましたが、日本語がとても上手い女性でした。

「日本で勉強したことはあるのですか？」と聞くと、すべて独学で英語と日本語を勉強したそうです。日本へは旅費が高くていけないと語っていました。

「名前は？」と聞くと「本当は李なんだけど、字の形が似てるから幸子でいいよ！幸子は日本の女性に多い名前でしょ」とのこと。

彼女はアクセサリー工場で働いていて、仕事が終わってから副業でアパレル関係の商品を中国サイトから仕入れて検品し、指定された日本のセラーの住所に発送する仕事をしていました。

ただ、幸子の行うサービスは、私のようなリピート商品を繰り返して販売するやり方とは違い、注文の都度オーダーを出さないといけない手間のかかる方法だったのでビジネスパートナーにはなれませんでした。しかしそれでも、今もスカイプで友達のような感じで情報交換をしています。


今の私があるのは、この方々に出会えたことが大きかったと感謝しています。最初に自分が相手を信じること、WIN-WINの関係構築、常に相手の状況を気遣うことの大切さを教えてくれました。

呂さん、季さん、幸子、そしてその後出会った馬さん、項さん、周さん、角さん、森田さん、ちゅんちゃん、田中さん、山口さん、王さん、謝さん、鐘さん、山さん……。会ったことのない関係なのにここまで長くお付き合いいただきありがとうございます。

そして、シェアオフィスNAGAYAで出会い、私のこのビジネスに興味を持って出版プロデュースを提案してくれた鈴屋二代目さんにも感謝しています。私のビジネスを面白く調理していただきありがとうございました。

最後に、私のビジネスに興味を持ってくれたコンサル生の皆さんにも感謝しています。

コンサルタントの実績もほとんどない私を信用してくれて時間と費用を費やし、何よりも真面目に取り組み、私のノウハウを証明していただき本当に感謝しています。

ノウハウを独り占めするより誰か必要な方がいれば惜しみなく伝え、さらにより優れたノウハウに改良していきたいと思っています。

私のノウハウは本当に簡単で、知っているか、知らないか、行動するか、行動しないかだけです。

インターネットビジネスは、無機質で感情や愛情は不要と考えられがちなものです。

しかし、私の中国輸入ビジネスは、パートナーとのWIN-WINな関係による、感謝と愛情、心のこもったビジネスなんです。

著者：山田野武男《のぶお》

サラリーマンの副業でネット販売に入り、２ヶ月で月商300万円を稼ぐ。2014年に株式会社エヌワイティーを立ち上げ、Amazonを中心に個人輸入ビジネスを展開している。企業コンサルティング業務、中国輸入のスクール運営、個人輸入のネットビジネスのセミナーの講師も行う他、個人でできる不動産事業のセミナーも開催。サイドビジネスの雄としてセミナー業界で注目を浴びている。

- **山田式中国輸入サイト：http://nyt.tokyo/p/**

※この本の購入者特典として、オリジナルで開発したAmazon価格調整ツールを無料でお試しできます。自動的に販売価格を調整しますので売上増加が期待出来ます。著者あて（下記の連絡先）にお問い合わせ下さい。なお、申し込み多数の場合は、抽選になります。Amazon販売経験のある方が対象です。

- **電話番号：090-9967-5370**　・**SkypeID：a.yamadanobuo**
- **メールアドレス：a.yamadanobuo@gmail.com**
- **Facebookページ：https://www.facebook.com/cbcnobuo**

企画・構成：鈴屋二代目

（株）バンダイナムコゲームスでプランナー、ディレクターに従事。2014年に退職し、現在はスマートフォン向けアプリのプランナー、ゲーミフィケーションのディレクターとして活躍。「安眠ひざまくら」シリーズは40万ダウンロードを超える。2014年に双葉社より「あなたはなぜパズドラにハマったのか 作り手が明かすソーシャルゲームの舞台裏」を出版。シェアオフィスで知り合った友人の個人輸入ビジネスに注目し、初の出版プロデュースとして今回の著書の企画・構成を手掛ける。

- **鈴屋ホームページ：http://suzya.net**　・**連絡先：support@suzya.net**
- **Android & iPhone向けアプリ「安眠ひざまくら」、「安眠ひざまくら（彩）」配信中。**

週《しゅう》4時間《じかん》で月《つき》50万《まん》稼《かせ》ぐ
Amazon中国《ちゅうごく》輸入《ゆにゅう》
日本語《にほんご》だけでできる驚異《きょうい》の山田《やまだ》メソッド

2015年6月24日　第1刷発行

著　　者：山田野武男《やまだのぶお》
企画・構成：鈴屋二代目《すずやにだいめ》
発 行 者：赤坂了生
発 行 所：株式会社 双葉社
〒162-8540 東京都新宿区東五軒町3番28号
電話：03-5261-4848（編集部） 03-5261-4818（営業部）
印 刷 所：慶昌堂印刷株式会社
製 本 所：株式会社若林製本工場

編集：佐藤景一（双葉社）
装幀・本文レイアウト：谷水亮介（グラパチ）

乱丁・落丁の場合は送料双葉社負担にてお取り替えいたします。「製作部」あてにお送りください。

ただし、古書店で購入したものについてはお取り替えできません。

電話03-5261-4822（製作部）　定価はカバーに表示してあります。


本書のコピー、スキャン、デジタル化等の無断複製・転載は著作権法上での例外を除き禁じられています。

本書を代行業者等の第三者に依頼してスキャンやデジタル化することは、たとえ個人や家庭内での利用でも著作権法違反です。

ISBN 978-4-575-30897-6 C0076

©Yamada Nobuo, Suzuya Nidaime 2015

[双葉社ウェブサイト] http://www.futabasha.co.jp/
（双葉社の書籍・コミック・ムックが買えます）

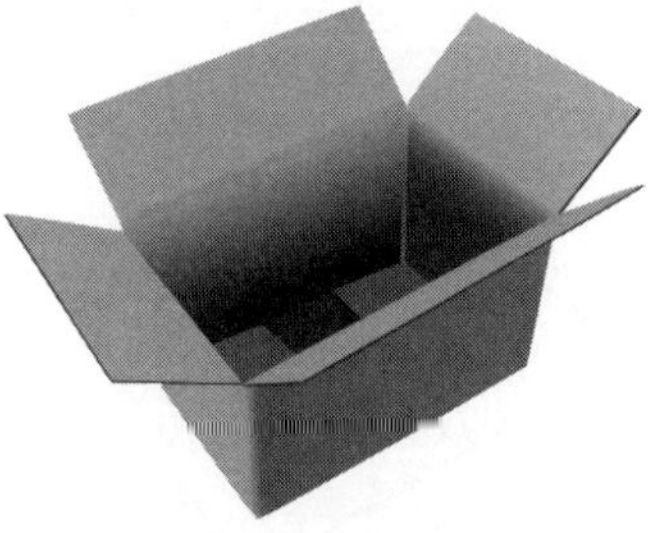